上海世博建筑对万众视觉的冲击

世博建筑水彩手绘作品欣赏

VISUAL IMPACT OF EXPO 2010 SHANGHAI ARCHITECTURE

APPRECIATION OF THE WATERCOLOR AND HAND-DRAWING WORKS OF THE WORLD EXPO ARCHITECTURES

图书在版编目(CIP)数据

上海世博建筑对万众视觉的冲击/赵鑫珊著；余工，杨健，冯信群，平龙等编绘.--上海：文汇出版社，2010.8
ISBN 978-7-80741-933-4

Ⅰ.①上… Ⅱ.①赵… ②余… ③杨… ④冯… ⑤平…
Ⅲ.①博览会-建筑设计-上海市 Ⅳ.①TU242.5

中国版本图书馆CIP数据核字（2010）第142982号

上海世博建筑对万众视觉的冲击

版权所有 侵权必究

著　　者：赵鑫珊
绘　　画：余　工　杨　健　冯信群　平　龙　等
责任编辑：甘　棠
策　　划：余　工　邓蒲兵
书籍装帧：申祁颉　牛新朝　束庆松
出版发行：文匯出版社
　　　　　上海市威海路755号（邮政编码200041）
印刷装订：上海景条印刷有限公司
版　　次：2010年8月第1版
印　　次：2010年8月第1次印刷
开　　本：890×1240　1/16
字　　数：250千（图145幅）
印　　张：10
印　　数：1-5000（含精装）
书　　号：ISBN 978-7-80741-933-4

ISBN 978-7-80741-933-4

定　　价：78.00元

世界博览会　梁钢　绘

001	题记两则	Two pieces of notes
003	人与建筑几何空间——明天的建筑 序（赵鑫珊）	Human being and architecture's geometry space — tomorrow's architecture Preface （Zhao Xinshan)
020	中国国家馆	China Pavilion
022	信息通信馆	Information and Communication Pavilion
024	中国航空馆	Aviation Pavilion
025	中国石油馆	Oil Pavilion
026	城市地球馆	Pavilion of Urban Planet
028	上汽集团-通用汽车馆	SAIC-GM Pavilion
029	太空家园馆	Space Home Pavilion
030	世博轴	Expo Axis
032	世博文化中心	Expo Culture Center
034	城市足迹馆	Pavilion of Footprint
036	万科馆	Vanke Pavilion
037	联合国联合馆	United Nations Pavilion
038	世界贸易中心协会馆	The World Trade Center Association Pavilion
039	城市人馆和城市生命馆	Urbanian Pavilion and City Being Pavilion
040	国际组织联合馆	Joint Pavilion of International Organizations
041	国际信息发展网馆	United Nations DEVNET Pavilion
042	菲律宾馆	Philippines Pavilion
044	土耳其馆	Turkey Pavilion
045	印度尼西亚馆	Indonesia Pavilion
046	中南美洲联合馆	Joint Pavilion of Central and South American Countries
047	美国馆	USA Pavilion
048	巴西馆	Brazil Pavilion
049	南非馆	South Africa Pavilion
050	瑞士馆	Switzerland Pavilion
052	智利馆	Chile Pavilion
053	委内瑞拉馆	Venezuela Pavilion
054	台湾馆	Taiwan Pavilion
055	日本馆	Japan Pavilion
056	英国馆	UK Pavilion
058	香港馆	Hong Kong Pavilion
059	捷克馆	Czech Pavilion
060	新西兰馆	New Zealand Pavilion
061	哈萨克斯坦馆	Kazakhstan Pavilion
062	新加坡馆	Singapore Pavilion
063	澳大利亚馆	Australia Pavilion
064	俄罗斯馆	Russia Pavilion
066	哥伦比亚馆	Colombia Pavilion
067	罗马尼亚馆	Romania Pavilion
068	瑞典馆	Sweden Pavilion

contents 目录

070	冰岛馆	Iceland Pavilion
071	斯里兰卡馆	Sri Lanka Pavilion
072	利比亚馆	Libya Pavilion
073	塞尔维亚馆	Serbia Pavilion
074	以色列馆	Israel Pavilion
075	阿曼馆	Oman Pavilion
076	尼泊尔馆	Nepal Pavilion
078	斯洛文尼亚馆	Slovenia Pavilion
079	加拿大馆	Canada Pavilion
080	越南馆	Vietnam Pavilion
082	巴基斯坦馆	Pakistan Pavilion
084	摩洛哥馆	Morocco Pavilion
085	阿联酋馆	United Arab Emirates (UAE) Pavilion
086	乌兹别克斯坦馆	Uzbekistan Pavilion
087	伊朗馆	Iran Pavilion
088	爱沙尼亚馆	Estonia Pavilion
089	埃及馆	Egypt Pavilion
090	安哥拉馆	Angola Pavilion
091	印度馆	India Pavilion
092	土库曼斯坦馆	Turkmenistan Pavilion
093	阿尔及利亚馆	Algeria Pavilion
094	奥地利馆	Austria Pavilion
095	卢森堡馆	Luxembourg Pavilion
096	西班牙馆	Spain Pavilion
098	乌克兰馆	Ukraine Pavilion
099	波兰馆	Poland Pavilion
100	马来西亚馆	Malaysia pavilion
102	澳门馆	Macau Pavilion
103	芬兰馆	Finland Pavilion
104	法国馆	France Pavilion
106	克罗地亚馆	Croatia Pavilion
107	挪威馆	Norway Pavilion
108	柬埔寨馆	Cambodia Pavilion
110	卡塔尔馆	Qatar Pavilion
112	突尼斯馆	Tunisia Pavilion
113	阿根廷馆	Argentina Pavilion
114	德国馆	Germany Pavilion
116	泰国馆	Thailand Pavilion
117	黎巴嫩馆	Lebanon Pavilion
118	丹麦馆	Denmark Pavilion
120	匈牙利馆	Hungary Pavilion
121	希腊馆	Greece Pavilion
122	韩国馆	Republic of Korea Pavilion
124	葡萄牙馆	Portugal Pavilion
125	斯洛伐克馆	Slovakia Pavilion
126	沙特阿拉伯馆	Saudi Arabia Pavilion
127	爱尔兰馆	Ireland Pavilion
128	意大利馆	Italy Pavilion
129	立陶宛馆	Lithuania Pavilion
130	墨西哥馆	Mexico Pavilion
132	摩纳哥馆	Monaco Pavilion
133	秘鲁馆	Peru Pavilion
134	世界气象馆	MeteoWorld Pavilion
135	太平洋联合馆	Pacific Pavilion
136	红十字会与红新月会国际联合会馆	International Red Cross & Red Crescent Pavilion
137	欧洲联合馆一	Europe Joint Pavilion I
138	亚洲联合馆一	Asia Joint Pavilion I
139	亚洲联合馆二	Asia Joint Pavilion II

世博园全景 李意淳 绘

题记之一

世界是我的感觉复合

——奥地利伟大物理学家、生理和心理学家兼哲学家马赫

(E.Mach, 1836–1916)

Note 1

The world is the integration of my senses.

— E. Mach, 1836–1916, Austria, great physicist, physiologist, psychologist and philosopher

它需要千百万参观者去感受、识读和解释。没有观众的热情参与,展馆建筑便失去了存在的意义。

观众通过自己的体验、识读和解释,自己的视野也拓展了,丰富了,深化了。这是一次非常难得的机会。

千百万中国人上了一堂当代世界建筑艺术的公共大课!

伟哉,上海世博展馆建筑!

壮哉,水彩和手绘建筑艺术家的画笔!画家是再创造。绘画比摄影富有更多的性灵、个性和诗意。因为绘画专求意象、空灵和神似。绘画作品可以堂堂正正地挂在你家的客厅、楼梯墙壁上;尽管是一幅小品,也有苍苍海接天,落叶动秋声的意境。

Note 2

Each pavilion in Shanghai Expo Park is an "architecture book" between the mother earth and the blue sky.

They need you to feel, read and interpret them. These pavilions will lose their significance without visitors' passionate participation.

Through your own feeling, reading and interpretation, you could have your horizon expanded and enriched. This is a rare opportunity for millions of Chinese people to have a public lesson about art of world architecture.

How splendid of Shanghai Expo pavilions' architecture!

How magnificent of watercolor and hand-drawing artists' brush pencils! It is an artist's to recreate something. There are more spirit, personalities and poetry in painting than in photography because painting focuses more on vision, beauty and spiritual resemblance. Painting works could be decently hanged in your living room or onto the wall along the stairs. Even a small piece of work can create an artistic atmosphere of vast ocean connecting the sky or falling leaves singing a song of autumn.

序
Preface

人与建筑几何空间 —— 明天的建筑
Human being and architecture's geometry space — tomorrow's architecture

赵鑫珊
Zhao Xinshan

宇宙由三部分组成,是一个统一体:**空间·时间·物质**

可以分成三大块来研究。其中一个课题便是"人与空间"。

空间者,几何空间是也。

几何分直观几何和抽象几何。

中学的时候,我读平面几何,后来又读立体几何。当时我太嫩,不可能理解几何空间在本质上是种语言,是门大学问,深得不能再深。

说到底建筑语言是种直观几何语言。

人人都要住在屋子里——这是通俗的说法。

用学术语言说,就是:**屋的几何空间是人存在的本身。**

屋的空间几何造型可以是多种多样的。它因时代、自然环境(地形、地貌和气候)、生产力、经济状况、建筑材料、民族风俗、民族精神构造、民族心理、宗教信仰、审美……的不同而不同。

The universe is composed by three parts, i.e. **space, time and substance** and can be studied by three topics. One of the topics is "human being and space".

Space refers to the geometry space.

Geometry includes visualized geometry and abstract geometry.

When I was in middle school, I learnt plane geometry and then solid geometry. I was too young by then to understand that geometry space is actually a language and a sophisticated subject which is the deepest.

In the final analysis, architecture language is a kind of visualized geometry language.

Everyone needs to live in a house. —This is how we generally put it.

In the learning language, it says that **the geometry space of houses is just the existence of human beings.**

The geometry models of the shape of houses space can

屋在人类建筑文明进化的历史上一般分两大块：

住人的屋；

不住人的屋。寺庙、教堂、剧场、博物馆、展览馆、银行、厂房……便不住人。

上海世博会的展馆正是这种不住人的屋，这种非居住性的建筑。它的几何造型千姿百态，打开了千百万中国人的眼界，今生今世难忘。

原来建筑可以造成这般摸样！

对千百万普通老百姓的视觉是一次何等强烈的颠覆性冲击！

对今天地球上的人，也是一次视觉上的革命洗礼。

从今以后，任何建筑几何空间语言——任何大胆、稀奇古怪的曲线、曲面、圆锥体、抛物面、蛋形、树叶状、昆虫状、贝壳状、蜘蛛网状、蜗牛状、洞穴状千万普通中国人的视觉都能接受得了。

经过上海世博会的建筑几何造型语言海涛浪涌般的冲击，我们中国人的视觉算是见了大世面，经历了一次大风大浪，波涌壮阔，惊心动魄！

这是一次全民建筑空间造型语言的大冲浪。从今以后，亿万中国人在建筑造型视觉审美上必能领先走在世界前列——其后果对我国建筑设计、环境艺术设计和装饰工艺，当然还有建筑材料等领域肯定会产生广大、深远影响。因为：

有什么样的观众，便会营造出什么样的演员、导演和编剧。

相反的命题也成立：

有高水平的编剧、导演和演员，才会有高水平的千百万观众。

双方是互动、依存关系，是共生关系。

建筑是人造的，反过来，建筑又会塑造人、提高人，抬高人的心理、气质、个性、性情和审美。

这才是上海世博会的重要意义之一。

这一回，千百万中国人零距离同当代世界建筑先

be varied as differences of times, natural environment (landform, physiognomy and climate), productivity, economic status, building material, national customs, structure of national spirit, national psychology, religion, aesthetics and so on.

In the evolving history of human being's architecture, there are two kinds of houses: for living and not for living. Temples, churches, theaters, museums, exhibition centers, banks, plants and etc. are those not for living.

Pavilions of Shanghai Expo truly are houses not for living. These buildings, in various geometry shapes, have substantially widened millions of Chinese people's vision, bringing unforgettable memory for their life.

People come to realize that buildings can be made in such an amazing way.

What an overwhelming impact to vision of the common people!

For people on the planet nowadays, it is also a revolutionary baptism in vision.

From now on, any language of geometry space, i.e. any daring and fantastic curves, curved face, cone, paraboloid, egg-shape, leaf-shape, insect-shape, shell-shape, spider-web-shape, snail-shape or cave-shape will be accepted by millions of common Chinese people.

Thanks to the wave-like impact of geometry models of Shanghai Expo's architecture, vision of Chinese people has been broadened greatly after going through the violent storms and waves!

This is an adventurous surfing on architecture space model. From now on, Chinese people surely can keep ahead in the world on aesthetics of architecture models, which surely will bring far-reaching influence to the following fields in : architecture design, environment artistic design, decoration technique and architecture materials. The reasons may include:

Specific audience creates specific actors, directors and playwrights, vice versa.

Only excellent playwright, director and actor could foster millions of high-level audiences.

筑史上，这是史无前例的壮举！

这为我国今后成为建筑设计、装潢艺术语言大国、强国创造了大前提。

因为有什么样的建筑审美者，便会有什么样的建筑设计思潮。

当然，建筑师的设计思潮一般总是引领千百万普通人对建筑造型和色彩的审美观或审美意识。

的确，上海世博建筑艺术给我们中国人上了一堂生动的公共大课——在人类建筑史上，这也是惊心动魄的一件大事。

正是出于这种考虑，庐山手绘艺术特训营创办人、十方建筑设计公司总裁、著名建筑师余工于今年暮春初夏专程跑来上海找我。

我们相约还是在上海新天地"星巴克咖啡屋"碰头发议论，策划。这些年，这里成了我们神聊的好地方。在咖啡屋探讨建筑空间几何语言、水彩画、手绘建筑以及艺术哲学等课题是适当的地点。（A Right Place）

2007年夏日，余工和庐山手绘建筑艺术特训营一批导师，还有我，在巴黎、巴塞罗那和慕尼黑咖啡屋讨论过建筑史、绘画史和艺术哲学问题。事实上，近现代欧洲建筑新思潮和绘画新流派的胎观胎动大多出自一些大都会的咖啡屋。

这回余工同我相约"星巴克"是我们的传统和习惯的选择。

"前天夜晚，我想到上海世博建筑千姿百态，对千百万中国人的视觉审美肯定会是一次空前的巨大冲击和革命性的洗礼。对我国建筑设计的理念也必定会产生深远影响。我想策划一本书，组织几十位中青年水彩画家和建筑手绘艺术家把世博建筑一些杰出作品画下来，而不是用相机拍下来。请你负责用文字把这些画串联在一起。"余工刚在咖啡屋坐下便这样说，

There is an interactive, inter-dependent and accrete relationship between these two parties.

Architectures are built by human beings. In return, architectures shape and improve human beings, improving people's mind, quality of character, personality, temperament and aethetics.

This is exactly one of significances of Shanghai Expo.

This time, millions of Chinese people communicate face to face with pioneer thoughts on the world's modern architectures, which will boost the reform and opening-up of and be more cosmopolitan. In the architecture history of our country lasting for thousands of years, this is an unprecedented feat!

This also provides our country with a precondition to become a strong country in architecture design and decoration artistic language.

For architecture appreciation public will create relevant ideological trend on architecture design.

Of course, architecture design trend always leads people to build their sense of beauty of shapes and colors of buildings.

Indeed, architecture art of Shanghai Expo gives us a lively public lesson, which also acts as an exciting event in human beings' architecture history.

Based on such a consideration, famous architect — Yugong, the president of Shifang Architecutre Design Company and the founder of Lushan Hand-drawing Architecture Art Training Camp, came all the way to Shanghai at the beginning of summer to see me.

We still met in Starbucks Cafe of Shanghai Xintiandi to discuss and plan. All through these years, this cafe has become a good place for us to animatedly discuss various topics. Cafe is a right place to discuss topics such as geometry language of architecture space, watercolor paintings, hand-drawing architecture and art philosophy.

In summer of 2007, Yugong, teachers of Lushan Hand-drawing Architecture Art Training Camp and I talked about architecture history, painting history and art philosophy in cafes of Paris, Barcelona and Munich. In fact, embryos of new architecture design trends and new schools of painting in

语言，各有各的妙处。摄影再好，再清晰，再快捷，也不能代替，更不能挤掉水彩和手绘建筑艺术。一百幅绘画就是一百粒海珍珠闪闪发光，有收藏价值。你交给我的任务是让我找到、打造一根链条，把散落满地的海珍珠串起来，"我说。

"成为一条黄金珍珠项链，"余工明确了构想，这样对我说。

"让我们双方合作，努力创造出一本图文并茂的书，献给上海世博和后世博的中国。做这件事是有意义的！"我说。

就这次策划，余工和我展开了深入探讨。下面是前后两次神聊的纪要：

1. 比起摄影艺术，水彩和用马克笔手绘建筑有更多的艺术灵感、人类性灵和创造性。摄影毕竟是机器。机器再好，也休想完全代替、挤掉人的"手脑并用"。

绘画的艺术价值更高些，比如用马克笔和钢笔手绘建筑的妙处和价值全在空灵和意象。（这两个术语在中国美学中非常重要）

用绘画把上海世博建筑的意境留住，凝固下来，是一种有意义的创造。其效果和价值是摄影作品不能达到的。

2. 在东西方建筑史上，建筑语言（风格）进化得很慢。在西方，一种风格的寿命常常是百年或好几百年。比如哥特和文艺复兴建筑风格，还有巴洛克。

至于我国的建筑语言就更固步自封，千年一个样。这是儒家学说保守、遵循祖训和传统的反映，有碍建筑艺术的发展，严重束缚了建筑艺术生命力的创造。鸦片战争后，西方建筑风格元素（比如古希腊罗

modern Europe mostly arise from those cafes in metropolis.

This time, we chose to meet in Starbucks as a result of our tradition and habit.

"In evening the day before yesterday, I thought that architectures of Shanghai Expo in different poses and with different expressions would positively bring unprecedented impact and revolutionary baptism to vision of the Chinese people, which would surely produce significant influence on the concept of architecture design in our country. So I'd like to plan a book, organizing dozens of young and mid-aged watercolor painters and architecture hand-drawing painters to draw rather than shoot some outstanding buildings of Shanghai Expo. And your job is to write something to connect these paintings," Yugong said as soon as he took a seat in the cafe, "In this way, we will present a new book with pictures and words."

"That's a good idea! Drawing by watercolor and architecture hand-drawing will create effects different from that of photos. Photography and drawing are two kinds of independent languages with advantages of their own. No matter how good, clear and fast photography is, it still can't replace or eliminate the arts of watercolor and architecture hand-drawing. A hundred paintings are just like a hundred balls of sparkling pearls with collection values. The assignment you appointed to me is to find and make a necklace to string those shattering pearls together." I said.

"Yes. Try to make a golden necklace with pearls." Yugong made his thought clear to me.

"Let's work together to create a book featuring pictures and words for China in Shanghai Expo period and post-Expo period. It is quite meaningful!" I said.

With respect to this plan, Yugong and I had an in-depth discussion. The results of our two meetings are summarized as follows:

1. Comparing with photography, watercolor and hand-drawing of architecture by marker features more artistic inspiration, human's spirit and creativity. Photography is done by machine after all. Even the best machine can not completely replace human beings in terms of the ability of

3. 在西方，自19世纪末，建筑风格的更新换代速度大大加快了。像走马灯那样。一种新风格的寿命只有10—30年，之后便有另一种风格出来登台亮相，游戏的成分也多。毕竟是件好事。

20世纪20年代德国包豪斯建筑思潮或运动的创始人格罗皮乌斯（W·Gropius,1883—1969），以及米斯·凡·德罗（1886—1969）在当代西方建筑文明历程中是两个关键建筑设计师和建筑哲学家。希特勒于1933年上台后，他们先后流亡美国，把包豪斯建筑理念带到了那里，并同芝加哥建筑学派糅合成了1+1>2的现代主义建筑语言，塑造了二战后的现代主义和后现代主义风格。

今天上海世博西方国家的展馆语言在本质上是后现代主义（The Post Modernism）的延续。该学派建筑大师是屈米、埃森曼和李伯斯金等人，当然还有Ph.约翰逊和盖里（F·Gehry）。

其凸显的共同点是：

游戏成分很多，再就是任意性，玩几何空间图案玩得心跳。这些建筑设计师是一群长不大的孩子，他们的创造动机是孩提时代玩搭积木游戏的延续，当然是放大了一百倍的规模和刺激，直到千百万观众的视觉受到猛烈冲击，他们才心满意足！

现以美国当代先锋派建筑师盖里的鱼形建筑设计为例。任意、随心所欲的几何曲面是他的特点，常常他会玩过头，几乎要越过人性可以承受的界限。

盖里设计的巴塞罗那奥林匹克村鱼形建筑是很典型的一件后现代主义建筑作品。通过它，对我们识读上海世博西方馆建筑会有很大帮助。因为在当今全球一体化的浪潮中，西方后现代建筑语言明显地波及到了全世界，就像牛仔裤、街舞、可口可乐、流行歌曲席卷了世界五大洲。（当然各地受影响、被席卷的程

"combining hands and brain".

Artistic value of drawing is higher, such as the excellent part and value of architecture hand-drawing are all materialized by vision and image, which are two very important terms in Chinese aesthetics.

To keep and concrete the artistic conception of Shanghai Expo's architecture by drawing is a type of meaningful creation, whose effect and value is beyond reach by photography.

2. In both western and eastern architecture history, architecture language (style) evolved very slowly. In western world, a style (e.g. Gothic Renaissance Architecture and Baroque) usually lasts for a century or a few centuries.

As to the architecture language of our country, it remains almost the same in thousands of years. Such a problem reflects Confucianism's conservation and complying with traditions, setting an obstacle against the development of architecture art, and severely limits the creation of architecture art's vitality. After the Opium War, western style elements (such as Ancient Greece marble pillar) started to be introduced to our country, which is actually good for China.

3. In western world, architecture style updated in faster pace since the end of 19th century. A new style could only last for 10-30 years before another style shows up. Architectures embrace more of game feature. After all, it is a good thing.

In 1920s, W·Gropias (1883-1969) and Mise·Van·Deluo (1886-1969), founders of Bauhaus architecture ideological trend or campaign in Germany, were key architecture designers and architecture philosophers in history of modern western architecture. Since Hitler took office in 1933, they went into exile one after another to the United States with their Bauhaus concepts which had been integrated by Chicago architectonics into modern architecture language of 1+1>2, building up the modernism and post-modernism after the Second World War.

Essentially, pavilion language of western countries in Shanghai Expo inherited the post-modernism. Great architects in this school of thought include Qumi, Aisonman, Lee Bose, Ph. Johansson and F·Gehry.

They present the following common highlights:

里只是一个古里古怪的念头，他把它画在纸上，成了几张设计草图。最后他的胎观胎动终于成了一个庞然大物：

一件遍体闪光带鳞甲的雕塑赫然在目地摆在人们

Large amount of game contents, random and playing with geometry patterns in a breathtaking manner. These architects are a group of kids that seemingly will never grow up. They are inspired by building blocks games in their childhood. Of course, the scale and stimulation have been magnified for 100 times. They will not be satisfied until millions of visitors' vision is impacted dramatically.

Now, we take the fish-shape design as an example

图：换个角度看鱼形建筑。就其花俏和游戏语言来说，它比上海世博的所有建筑空间几何造型是有过之而无不及！

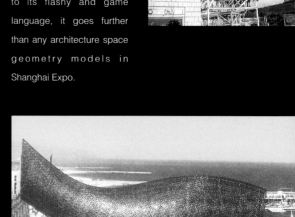

Fish-shape building seen from another angle. As to its flashy and game language, it goes further than any architecture space geometry models in Shanghai Expo.

图：盖里的作品：鱼形建筑，由彩色钢带交织连接到网状骨架上而构成。

F·Gehry's work: fish-shape building. It is composed of interlaced colorful steel bars joining onto web frameworks.

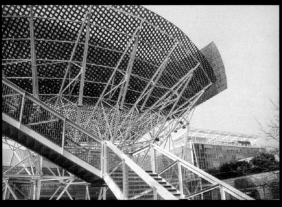

图：鱼形建筑的全景，是西方（特别是美国和日本）后现代主义建筑风格的典型或样板。

Panorama of the fish-shape building. It is a typical model or template of the western post-modernism architecture style (especially the United States and Japan).

图：鱼形建筑局部。

Part of the fish-shape building.

的眼前！真像一条大鱼，几何造型怪异。它越出了建筑设计师盖里个人的胎观胎动、想象和构图，成了万众视觉里的一座公共建筑！

这里有5个特点：

A.游戏成分和任意性是很明显的。后现代主义建筑推动了建筑作为一种语言的语法规则重构。它的畸

whose author is F·Gehry, a pioneer architect of the United States. His design features random go-as-you-please geometry curved surface. He often overdoes it, nearly exceeding the limitation that human being could accept.

The fish-shape building located in Barcelona Olympic Village is a typical piece of post-modernism work designed by F·Gehry. It will help us to recognize western architectures of Shanghai Expo. It is just ILike jeans, Str-Dance, Coca-Cola,

图：盖里为古根海姆博物馆设计的草图。
Draft of Guggenheim Museum designed by F·Gehry.

图：生于1939年的澳大利亚建筑师考克斯为慕尼黑足球场设计的草图。草图是胎观胎动，之后才有一栋实实在在的建筑拔地而起。观念、构思在先。草图在先，哪怕只有几笔的勾勒。今天的建筑师偏爱玩曲线、曲面。上海世博建筑加强了这种趋势。

Draft of Munich Football Court designed by Cowx, an Australian architect born in 1939. A tangible building started from the draft as the embryo. Conception goes first. Draft goes first, even only a few outlines. Today's architects prefer curve and curved surface. Architecture of Shanghai Expo strengthened such a trend.

图：生于1950年的后现代主义建筑师哈迪德为西班牙皇家收藏博物院设计的草图。这批人偏爱玩曲线。观念先行，物质后到。

Draft of Spain Loyal Collection Museum designed by Hadid, a post-modernism architect born in 1950. This crowd of people prefer playing with curve. Conception goes ahead of the material.

变几何造型大大丰富了直观几何。建筑几何只是直观几何的一个分支；

图：英国航空公司大楼，建筑设计师为托尔普（N.A.Torp），可容纳2800名职工办公，建于1998年。

British Airline Building, designed by N. A. Torp, which could accommodate 2800 staffs, built in 1998.

pop music sweeping over the five continents, western post-modernism architecture language have magnificently spread to the whole world in the tidal wave of globalization process. (Well, the extent to which different areas are influenced varies.)

This building is 54-meter long and 35-meter high, joining the tower building of hotel and the sea beach. In the beginning, this huge building in fish-shape is just a strange idea in F · Gehry's mind. He drew it on the paper which becoming into some pieces of drafts. Finally, his original thought was turned into a jumbo.

A piece of sculpture with sparkling scales all over its body is presented right in front of people's eyes! It is really like a fish. The geometry model is so strange. It went beyond the architect's thought, imagination and composition, turning into a public building before people's eyes.

There are five characteristics:

I. Significant game contents and randomness. The post-modernism architecture boosted the grammar rules reconstruction of architecture as a language. Its distortion model enriched the visualized geometry to the maximum. Architecture geometry is just a branch of visualized geometry;

II. Architecture is essentially a piece of large sculpture;

III. We seem to hear the calling of post-modernism architects from the remote mountains: I play games, I play architecture geometry curve and curved surface in a breathtaking manner, so I exist;

IV. Mountain, river, animal and vegetable, as well as everything in the nature are always the inspiration sources of architects' design. Nature always serves as our teacher, which is a fact that will never change;

V. People can't bear monotony and boredom. It is people's nature to pursue changes. Only change will be eternal. Therefore, the models of cell phones are changing all the time. In the 21st century, geometry model language of architecture is also updating. Every three or five years, there will be another new style. Scientific progresses and appearing of new building materials provide a material precondition for continuous changes of architecture geometry space language.

The following motto is advocated by architects of the 21st

D.大自然的山川动植,一草一木一石,永远是建筑师设计的灵感源泉。自古至今,大自然永远是我们的博导——这点是永远不变的;

E.人性不能忍受单调、千年不变的一张老面孔;无法忍受枯燥和呆板。人性求变,变才是永恒,所以手机的款式总是在变。21世纪的建筑几何造型语言也在更新换代,三五年一个样。科学技术的进步和新建材的涌现(比如先进玻璃)成了建筑几何空间语言不断变化的物质大前提。

21世纪的建筑师崇尚这句格言:

"我玩几何形体,我游戏,我玩得心跳,故我在!"

结果便是今天的建筑和16、17世纪西方古典主义建筑语言(词汇和语法规则)截然不同,至于它同我国明清时代传统建筑比较,就更离谱。

参观上海世博的千百万普通中国人若是听不到或听不清上面这句隐蔽的、无声格言,便很难走近或识读许多展馆的建筑语言,只能是陌生,觉得怪异,一头雾水。

4.建筑几何空间语言永远是时代精神的凝固。

它是时代精神的一个凸显、凝固符号。(节能、绿色便是"时代精神"核心内涵)

游戏成分和任意性太多,这种趋势在上海世博会西方国家展馆建筑中有明显表现。别忘了,人是什么?人是在饱暖、有屋住下来之后爱游戏、玩耍的动物。

"我玩耍,故我在。"-21世纪的建筑设计师崇

"I play geometry, I play games and I play in a breathtaking manner, so I exist!"

As a result, today's architecture is totally different from classicism architecture language of western world in 16th and 17th century in terms of vocabulary and grammar rules.

If the millions of Chinese people visiting Shanghai Expo could not hear or clearly hear the hidden and silent motto mentioned above, then it will be hard for them to access or recognize the architecture languages of many pavilions and they can only feel strange, peculiar and confused.

4. Architecture geometry space language is always the concretion of times spirit.

It is an outstanding and concrete symbol of times spirit. (energy-saving and green are the core meanings of "times spirit".)

Too much randomness and game content is clearly showed by western country pavilions of Shanghai Expo. Don't forget, what are people? People are animals found of game and playing when well-fed, well-clad and provided with a house.

"I play so I exist." This motto is advocated by architectures of 21st century.

Go ahead to play games as long as you ensure people's visual nerve will not to be hurt. Is it the developing trend of tomorrow's architecture? Architecture of Shanghai Expo is telling us what architecture space geometry models will be like in the future. This is the fore-notice about tomorrow's architecture language.

F·Gehry, born in 1929, is a very avant-garde architect, whose deconstructionism has already exceeded the limitation that people could bear. His architecture got into a pathological status: acclivitous, collapsed, splintered and incomplete. In my opinion, these are the falling and alienation of western architecture concepts. Fortunately, no such nonhuman pathology architectures appear in Shanghai Expo.

An embryo is followed by concept and idea, then by actions. Conception (spirit) goes ahead of the material. This is the logic sequence. This rule – logic and existence will help us

奉这句创作格言。

玩吧，游戏吧！只要不坍塌，不刺伤千百万普通老百姓的视觉神经就行。这是明天建筑的发展趋势吗？上海世博建筑正在告诉我们，将来的建筑空间几何造型会是什么样子。这是有关明天建筑语言的预告。

生于1929年的盖里是一个非常前卫的建筑师，他的解构主义已经越过了人性可以忍受的界限，他的建筑成了倾斜、坍塌、断裂、支离破碎和未完成的病理状态。我看这是西方建筑理念的堕落和严重异化。幸好上海世博建筑还没有出现这种非人性的病理建筑形象。

先有胎观胎动，先有观念和想法，之后才是行动。观念（精神）先行，物质后到。这逻辑的顺序，这"逻辑与存在"（Logic and Existence）法则有助于我们识读、读懂上海世博展馆建筑直观空间几何花里花哨的语言。

后世博的中华大地，少不了会冒出这种花哨建筑。我们中国普通老百姓的视觉要习惯它，要见怪不怪。经过上海世博的洗礼，中国的建筑设计界和亿万普通中国人已经做好了准备。

来吧，我们的视觉准备迎接一波又一波的新建筑冲击！

托尔普的设计理念是用55000平方米的建筑面积构造一个由6栋屋组成的社区，包括一座学校和休闲区（餐馆）。识读了这座公司大楼群（包括大量使用玻璃），便有助于我们走近上海世博的大部分展馆建筑语言。这是今天世界建筑的大趋势，明天的建筑也不可能挣脱这条运行轨迹。

在上海世博会中，该符号有典型的表现。

我们的时代精神就是保护地球生态环境，呼唤绿色。

to recognize and understand those geometry flashy languages of Shanghai Expo pavilions' visualized space.

Such kind of flashy architectures definitely will show up in China after the Shanghai Expo. Common people shall get used to it. Through Shanghai Expo's baptism, architecture field of China and common people have been well prepared for it.

Come on. Our visions are ready to welcome another round of new architectures' impacts.

The design conception of Torp is to construct a community composed of 6 houses including a school and a leisure area (restaurant) within a construction area of $55000m^2$. Recognizing the building cluster of this company (including large amount of glasses used) will help us to get close to the architecture languages utilized by pavilions of Shanghai Expo. This is the main trend of today's architecture. Architecture in the future may not walk out on this route.

In Shanghai Expo, there are typical presentations about this symbol.

Spirits of our times are to protect ecological environment and call for green.

This is just the "Arcology" — another clue of Shanghai Expo Pavilion's architecture language. 50 years ago, Suomoly, father of Arcology in the world, put forward the conception of "Arcology". It is composed of two parts:

Ecology + Architecture = Arcology

Only by using this formula can we recognize the common conception and space geometry language of Shanghai Expo Pavilion, including their flashy parts and strange parts.

Many years ago, Suomoly warned that:

"Cities are swallowing the earth, consuming large amount of energy. If things continues like this, we will need 10 earths to survive."

Based on our discussion, both Yugong and I believed that there is a more basic and crucial formula putting us into embarrassment:

Ecology（生态）+ Architecture（建筑）= Arcology

我们只有借助于这个公式，才能识读上海世博展馆建筑的共同理念和空间几何语言，包括它们的花哨和古里古怪。

多年前，索茉里（今年91岁）便警告世人：

"城市吞噬着地球，大量耗能。照此发展下去，需要10个地球才能继续支撑下去。"

余工和我在讨论中都认为，这里有个更基本、更具有决定性的、令我们尴尬的公式：

地球总人口数 × 物欲的恶性膨胀 = 对地球生态环境的总压力

今天每位建筑设计师都更懂得该公式，并把它作为指导自己设计的最高准则，之后才是游戏，才是玩得心跳这条心理学原理。这才是好孩子建筑师。

用太阳能照明、取暖、制冷；用光电能系统生产清洁能源，是生态建筑的核心内涵，索茉里猛烈抨击了美国的物质主义至上。"任何东西都是可以出售的！"这句口号的后果非常可怕。

这位耄耋老人推崇中国的竹文化：用它造屋、造家具……完全环保。

上海世博会挪威馆的建筑不同于一般的钢结构。它是用北欧松木和中国竹子"撑"起来的馆，挪威人对松木作了高压处理，将它压缩，制成内部的框架结构。而中国竹则被镶嵌在松木边缘。撑起挪威馆的15棵巨"树"呈高低不一状。每棵树均有固定在地下的"树根"和空中的4条"树枝"。以树枝的外端

Nowadays, each architect shall better understand this formula and utilize it as the highest standard to steer our design and then to play games in a breathtaking manner. Only in this way, an architect becomes a good "kid".

The core of Arcology is: utilizing solar power to create light, heating and cooling effect; and utilizing photovoltaic system to produce clean energy. Suomoly strongly attacked the United State's conception of materialism. The consequence of the slogan "everything could be for sale!" is very horrible.

This old man praised highly of China's bamboo culture. It is truly green to make house and furniture by bamboo.

Architecture of Norway Pavilion is different from regular steel structures. It is supported by pines of Northern Europe and Chinese bamboos. The pines were processed by high pressure and made into the internal framework. Chinese bamboos were mounted on the edge of pines. 15 giant "trees" supporting the pavilion are in different height. Each tree has its "root" fixed into the earth and 4 "branches" in the air. Membranes supported by upper ends of the branches forms the vibrating roof of this pavilion.

In the Norway Pavilion, specific natural scenes of northern Europe are presented by five parts including polar light, miles of mountains, forest, channel and group of mountains.

5. Since ancient time, no matter in eastern or western countries, people always try to tactfully integrate natural elements (such as shell, leaf and other shapes of animals and vegetables) into architecture language.

Nature is always the inspiration source for architects. In the architectures of Shanghai Expo, "learning from nature" has been presented in multiple ways.

6. Physical geography (especially the climate) determines architecture geometry space language, including shape and color, which is highly emphasized by African architectures.

7. Roof greening and solid greening

This is also a strong parameter to define geometry space

为附着点所支起的篷布，形成了外观高低起伏的展馆屋面。

挪威馆内，通过北极光、延绵的海岸、森林、峡湾和群山五个部分，展示了北欧特有的自然景观。

5.自古以来，不论是东方还是西方，人们总是把大自然的元素（比如贝壳、叶子、其他动植物造型）巧妙地融入建筑语言符号系统。

大自然永远是建筑设计师的灵感源泉之一。这是不变的。在上海世博建筑中，"师法自然"这条设计原理也有多样性的表现。

6.自然地理（尤其是气候）参与决定建筑几何空间语言，包括形与色。非洲建筑的表现便很凸显。

7.屋顶绿化和立体绿化。

这也是决定未来建筑几何空间的一个有力参数。

早在1959年，美国奥克兰市在一座6层楼的顶部便建造了一个景色秀丽的空中花园，从而拉开了屋顶绿化建筑思潮的帷幕。

德国特别重视屋顶绿化，在新科技方面处于世界领先地位，1982年德国立法强制推行。2007年德国屋顶绿化率达到80%左右，是全世界做得最好的国家。

在上海世博展馆中，中国国家馆、印度馆、沙特阿拉伯馆、新加坡馆、德国馆、墨西哥馆、瑞士馆、卢森堡馆和法国馆的屋顶草坪和空中花园赢得了一致好评。

目前我国，拥有潜在的1千亿平方米屋顶的生态资源。这将为我国建筑设计师提供了无限广阔的大平台。

以上绿色建筑和节能建筑都是21世纪时代精神的凸显符号。它在上海世博中有广泛的体现。

Early in 1959, a six-floors building in Auckland US built a beautiful garden in the air, raising the curtain of roof greening architecture trend.

Germany puts special emphasis on roof greening, taking the lead in the world in terms of new science & technology. In 1982, laws were established to promote roof greening. By 2007, rate of roof greening in Germany has reached 80% which is the best of the world.

Among pavilions in Shanghai Expo, roof lawns and roof gardens of China pavilion, India pavilion, Saudi Arabia pavilion, Singapore pavilion, Germany pavilion, Mexico pavilion, Switzerland pavilion, Luxemburg pavilion and France pavilion have won great acclaim.

At present, there is 100 billion square meters of roof as potential ecological resources in our country, which will provide a vast platform for our architects.

All green architectures and energy-saving architectures mentioned above are outstanding symbols of times spirit of the 21st century, which having been widely manifested in Shanghai Expo.

8. Each previous Expo is a strong push to the process of architectural civilization. The epochmaking large exhibition hall "Crystal Palace" designed by British architect Paxton in 1851 for the Expo is merely an example. It sets a good start. Glass as a building material showed its new vitality. The combination of concrete and glass greatly changed the traditional architectural mode. Today, the float glass manufacturing has become the mainstream of world architectural glass. It is used not only in the openings, but the external wall, partition, roof, ceiling and floor. You can see glass almost in every pavilion in the Shanghai World Expo.

The emergence of new building material often is the premise of the arrival of a new style.

According to media reports, the Spain Pavilion and UK Pavilion of Shanghai World Expo have won the International Architecture Award 2010 granted by the Royal Institute of Architects (12 awards in total, the Shanghai World Expo has gotten 2).

9. New building materials and high technology have

有划时代意义的大型展馆"水晶宫"仅仅是一个例子。它开了一个好头。玻璃这种建材显示了它崭新的生命力。混凝土和玻璃共同使用,极大改变了以往形态的建筑模式。今天,浮法制造玻璃成了世界建筑用玻璃的主流。它不仅用在开口部,更用作外墙、作为隔断玻璃以及屋顶、顶棚和地板的玻璃。上海世博展馆处处都有现代玻璃这种建材的身影。

新建材的出现,常常是某种新风格到来的大前提。

据媒体披露,上海世博西班牙馆和英国馆双双荣获2010年英国皇家建筑师学会国际建筑大奖。(共12个获奖项目,上海世博便占两个。)

9.新型建材和高科技在很大程度上决定了上海世博建筑的表皮,或者说是它的曲面等几何造型。这也是"玩"建筑几何体的大前提。这样,**建筑设计师的想象力和创造力便得到了更广阔的空间,直到玩得心跳,只是别忘了回家的路,别忘了人类建筑文明由之出发的原点。**

10. "将来(明天)的房屋会这样古里古怪,这样花里花俏吗?"——不少参观了上海世博会的人都在这样嘀咕,心里甚至有点发毛。

要分两类房屋:

A. 住人的屋(社区住宅、公寓)不会太狂,太邪乎,游戏成分少。就是说,上海世博会的建筑并不是未来可居住房屋的趋势。

B. 今后(明天)不住人的公共建筑(比如图书馆、博物馆、空港、火车站、剧院……)便会走花里花俏的设计路子。这种趋势是必然的。上海世博展馆已经作为一种凸显的标志出现了。

determined the skin of buildings of Shanghai World Expo, in other words, its geometrical model of surface. This is also the premise of "playing" geometry of building. **Thus the imagination and creativity of architects get more rooms till their hearts beat fast as long as they don't forget the way back home and the original starting point of human architectural civilization.**

10. "In the future (tomorrow), the housing will be as weird and flashy as these?"—Visitors on Shanghai World Expo are in such anxiety, even feeling a little creepy in minds.

There are two types of houses:

A. House for living (community housing, apartments) will not be too crazy, too incredible and contains little game element, i.e. the buildings in Shanghai World Expo will not be the trend of the houses for living in the future.

B. House not for living in the future (tomorrow), such as libraries, museums, airports, railway stations, theatres will take the path of flashy design. This trend is inevitable. Shanghai World Expo pavilions have appeared as a prominent sign.

The above is the estimate for buildings of tomorrow (future).

Shanghai World Expo will inevitably lead us (i.e. architects and ordinary people) to imagine and think about the future architecture, which is a great event and also a strong push to the development of architecture in China and the world.

11. The world's architectural style follows the trend of globalization. It is called "new international style" that we find hard to stop.

However, regional and national elements still have vitality.

I agree and praise the persistent representation of the vitality with my two hands.

Biological diversity of earth is a blessing to our planet.

Similarly, the architectural style and language diversity or pluralism are also blessings of human civilization. It is sad if there is only one architectural style. Is that a good thing if people all over the world speak only English?

12. What is architecture?

Deep down, architecture is geometric specialization of

世博会上百座展馆需要千百万人去同它对话，加以评论。没有千百万人的评论与参与，展馆失去了存在的意义；没有展馆建筑，千百万人失去了珍贵的当代世界建筑识读的教材。

具体什么涵义？隐喻也很含糊。作为一座建筑，它给千百万参观者只是留下了一个巨大空筐，让人们的想象力去填满。这正是建筑空间艺术的解释学。千百万人成了解释者。上海世博推出了、创造了千百万人参与建筑解释学的机会。这是个大事件！

上海世博各展馆建筑归根到底是建筑师们想象力的产物，是他们丰富想象力的展示。但要得到千百万人的参与、解释才能存在。想象力只能通过解释者的想象力才能成为现实。

14. 展馆建筑多半为传统的几何体（立方体、长方体、圆锥体、圆形……），这是否意味着建筑直观几何语言存着极限呢？我们确信这样的极限存在。建筑几何语言并不是无限的。

不过今天来谈论极限，为时尚早，只是刚冒出了极限的苗头，不必焦虑。

估计三、五十年后，极限现象会渐渐明显起来。这会鼓舞建筑设计师更热心去"玩"新的建筑几何体。这是余工同我的预测。

15. 在咖啡屋，余工同我神聊，特来情绪。

我们不约而同都谈起了生于1935年的英国著名建筑师福斯特（N.Forster）。北京国际机场三号航站楼、柏林德国会议大厦和上海世博会阿联酋馆都是他设计，出自他的灵感。

他有句格言："The Only Constant is Change."（唯一永恒的是变化）

---

opportunity for millions people to participate in architectural hermeneutics. This is a big event!

Pavilions at World Expo Shanghai are ultimately the products of imagination of architects and also the exhibition of their rich imagination. But they cannot exist without participation and interpretation of millions of visitors. Imagination can become reality only through the imagination of interpreters.

14. Most of the exhibition halls are geometric bodies (cube, cuboid, cone, sphere and etc). Does this imply that there are limits to the intuitive architectural geometric language? We are quite sure that there are such limits. Architectural geometric language is not unlimited.

However, it is not the right time to discuss limits today. Don't worry. There is just an early sign of limits.

It is predicted that three or five decades later such limits will become increasingly apparent. This will encourage architects to be more interested in how to better "play" architectural geometric bodies. This is also a prediction shared between engineer Yu and I.

15. In the cafe, engineer Yu was chatting with me, excitedly.

We talked about the famous English architect N.Forster who, born in 1935, was responsible for the architectural design of terminal 3, Beijing International Airport, Berlin Convention Building and United Arab Emirates Pavilion at World Expo Shanghai.

He has a maxim, "the only constant thing is change."

However, what concerns Yu and me is in which direction change will take place.

We can only predict that the limits to humanity are exactly the limits to the change of architectural language and architectural space that extends beyond the limits of humanity can not exist but end up with two tragic results: collapse or being pushed over by sound humanity.

16. A good architect is a gut-wrenching poem.

The World Expo Shanghai's slogan "Better City, Better

不过余工和我最关心的是变化的方向，朝哪里变？

我们只能预测：**人性的界限正是建筑语言变化的界限**。超过人性所能承受的界限那种建筑空间是无法存在的，它只会有两种悲惨的结局：坍塌；或被健全的人性推到。

16. 好建筑是首惊风雨、泣鬼神的诗。

"城市，让生活更美好"在很大程度上取决于这座城市拥有许多首建筑诗在滋养、熏陶和拔高我们的灵魂，给我们以美感。

曾经设计了台北标志性建筑"101"和上海世博台湾馆的李祖原先生说："是不是优秀的建筑，要看它能不能感人，如果站在它前面被感动得哭，那一定是好建筑。"

在这样的展馆面前，一批画家（余工是带头人）才把它画下来。画的过程是再创造，是种享受。

※　　　　※　　　　※

余工来自乡村的土地。他的父亲是乡村中学语文老师。于是我们很容易达成共识：

不错，"城市，让生活更美好。"但别忘了，乡村和土地是城市的根和基础。农业、畜牧业和林业支撑着城市的高楼大厦。

城市是横轴，乡村是纵轴，两者垂直交叉才能成为一个黄金、神圣的十字，笛卡儿直角坐标系。它理应成为上海世博最高精神的一个简洁符号。它是个隐喻。

在本质上，这个十字隐喻呈建筑结构。

Life" to large extent depends upon the fact that this city has numerous architectural poems that nourish, polish and refine our souls and give us aesthetic feelings.

Mr. Li Zuyuan, the architect of the landmark building "101" in Taipei and Taiwan pavilion at World Expo Shanghai, said, "The real outstanding architect is a building that can move people standing in front of it to cry."

It is right in front of such pavilion that a group of painters, headed by Yu, painted pictures of it. The drawing is a process of recreation and enjoyment.

※　　　　※　　　　※

Yu came from countryside and his father is a Chinese language teacher at local village middle school. So, it is very easy for us to reach a consensus:

Yes, "better city, better life". But do not forget that countryside and land are the root and foundation of any city, and that agriculture, animal industry and forestry support the skyscrapers in the cities.

City is the horizontal axis, while village vertical axis. A golden and divine cross can take shape only when the two axes cross each other vertically, forming a Descartes rectangular coordinate system. It has every reason to become a simple symbol of the supreme spirit of World Expo Shanghai. It is a metaphor.

In essence, this cross metaphor appears as an architectural structure.

Pudong, Shanghai , July 2010

光耀世博 平龙 绘

◎ 中国国家馆
China Pavilion

中国展馆誉为"东方之冠"。设计者为两院院士、建筑与城市规划专家吴良镛。他从"东方之冠,鼎盛中华,天下粮仓,富庶百姓"为构思主题,为创意,获得成功,万众交口称赞。

作为一座传统中国建筑,它是符号系统中的一个意义深远的隐喻。它是一个文本,按我的解读,至少有两层哲学内涵:

1. 人生于天地之间,当敬天爱人。

2. 祈求"风调雨顺,国泰民安"。

"风调雨顺"涉及人与自然的关系;"国泰民安"涉及人与人、人与社会、人与国家的关系。

这八字祈祷句支撑了上千年的中华农耕文明的繁荣昌盛。

不过在我看来,中国馆有个小小的不足处:

在馆的进口处理应有两座大钟,分别把"风调雨顺"和"国泰民安"镌刻上。

只有这样,中国馆这个传统建筑符号才算十全十美,在整个世博园区中排名第一,才能镇得住。

如果能敲响低沉、雄浑和共鸣的钟声远播浦江两岸,世博园区才是天下独绝的一道建筑风景。

在建筑语言符号系统中,钟声这个声音的符号往往有其独特的、无法代替的作用。整个世博园区欠缺钟声,这是总设计规划的一个小小的不足。在历史上,东西方的城市都有钟声。他有"散我不平气,洗我不和心"的功能。这种功能才能有助于"让生活更美好"。城市居民若是心不平、不和,再富裕的物质生活也不幸福。

中国国家馆
池振明 绘

As a traditional Chinese building, it is a profound metaphor in symbol system. According to my understanding, it is also a "book" with at least two philosophical connotations:

1. We are born between heaven and earth, so we should respect nature and love people;

2. Pray for "good weather, peace and prosperity".

中国建设（中国国家馆） 傅凯 绘

◎ 信息通信馆
Information and Communication Pavilion

　　展馆建筑设计灵感思路来自信息无障碍、无限畅通的理念,所以建筑外观取消了通常建筑物的转角,形成了流线型(畅通)的直观几何学的优美曲线。

　　这是一个有内涵的建筑符号,也是一个现代隐喻。外墙的曲面作为信息通信馆的隐喻,非常贴切,宛如一个金苹果落进了由银丝编织的网袋。

　　人类文明进步的轨迹一直在冲破两大基本限制:

　　时间的限制;空间的限制。

　　从古代的驿马传递信息,到后来的电报、无线电通信、移动电话和互联网,所有这些进步都是人类打破时空的限制。"城市,让生活更美好",若是不能冲决这限制,便是一句空话。

　　展馆外墙采用发光设计。多变的色块和光带对视觉是一种令人兴奋的冲击。现代人追求、享受这种冲击带来的快感。

　　人的快感和爽既可以来自味觉、触觉和嗅觉,更主要的是来自视觉。所以把这些感觉印象加起来便是通感、统觉。

　　而世界正是我们的感觉复合。城市生活能让我们的统觉、通感爽!爽的人生,幸福的日子。但爽以保护绿色为底线。

信息通信馆　余工　绘

　　The design of this pavilion was inspired by the perception that information can be transmitted freely and smoothly without any limitation, so its exterior shape is a beautiful streamline curve instead of the square angle of ordinary building.

信息通信馆 李利民 绘

◎ 中国航空馆
Aviation Pavilion

展馆建筑几何空间语言必然会同航空的蓝天和漂浮的白云联系在一起。这正是"逻辑与存在"（Logic and Existence）原理在起决定性规定。

除此之外，航空展馆还能是别的外型吗？一只海龟？一株马尾松？一个蚕茧？不，不能反逻辑而有合理的存在！

建筑设计有广阔的任意性，但不允许反逻辑的设计。这也是明天建筑的一条基本限制。

展馆建筑表皮覆盖着洁白的高新膜材，宛如天空飘来的几朵白云。这是天空对大地的呼唤和两重奏。

城市是什么？

城市是蓝天白云底下、坚实厚重大地之上千万栋屋的集合。屋是人的生存本身。

作为一种快捷的交通工具，航线和通信为我们打破时空的限制共同做出了贡献。乡村不需要空港。只有城市才要有。城市生活比乡村生活精彩，动感十足，快捷地满足人的多种肉欲和灵欲，所以大家才涌向城市。跑到城市空间来寻找欲望的满足，这是唯一的动机。

中国航空馆 余工 绘

The geometric space language of this pavilion is inevitably associated with the blue sky and white clouds where the spaceship soars, which is determined by the theory of "Logic and existence".

◎ 中国石油馆
Oil Pavilion

　　展馆建筑几何形体是个长方体，是个最传统的四方形盒子，宛如一个巨型能源处理网络体系，中间流淌的是石油，是当代工业文明的命脉和血液。

　　外墙由纵横油气管道交错编织而成，材料是石油衍生物聚碳酸酯，极富时代气息和行业特色。它是一个符号。农业文明没有这个符号。因为不需要。

　　油气管道后面是漫散板，新型建材，约4000平米。

　　新型建材是新型建筑崛起的大前提之一。

　　二战以来，人类燃烧石油对生态环境有负面影响。今年5月，美国墨西哥湾海底漏油事件对海洋生态是场大灾难。科技已经触动了深层大自然，破坏了海底的宁静。

　　石油的功过归根到底是城市文明的功过。这里涉及人欲及其满足。什么样的人欲及其满足才是健康的，而不是病态的？

　　这是个人类文明哲学拷问，生死攸关。

　　久久看着中国石油馆的外墙纵横油气管道的编织，我提出这个问题来拷问是很自然的。

　　能源是我们的命根子。人类文明是耗能文明。

　　如果石油馆是个建筑陈述句，它理应引起参观者的思索：

　　人欲的满足必耗能。健康的人欲，健康的耗能。

中国石油馆　郑昌辉　绘

The geometric shape of the pavilion is a rectangle– a traditional square box, which looks like a giant energy processing network with the "blood" of modern oil industry civilization flowing inside.

◎ 城市地球馆
Pavilion of Urban Planet

展馆主题是陈述人类、城市和地球的共生关系。三者应是共赢。

一座展馆建筑的几何形体要陈述这样一个广大、深远、阔远和复杂的哲学主题，该有多难啊！能胜任这样的荷载吗？

作为建筑语言符号系统的这个陈述句（词汇和语法），它能走这么远吗？能把事情说清楚吗？

地球是根本。人和他创造的城市寄存在蓝天底下、地球之上。

馆内是两条对称的螺旋状坡道，分城市延伸、危机之道、蓝色星球、解决之道和我们只有一个地球这五个展区。

为什么是螺旋曲线呢？是建筑符号学的一个隐喻吗？

我宁愿把它解释为是一个隐喻。螺旋曲线是什么？它和圆都具有哲学的性质。

我们常说别忘了城市、建筑由之出发的原点，要认得返回到原点的路。返回原点就是返乡。哲学就是返乡。

回到原点不是平面上的返回，不是终点原封不动地回到起点，而是螺旋式上升地回到。终点和起点不在一个层面上。完成了一次上升运动，终点又成了新一轮进化、向前运动的新起点。这才是城市进化的轨迹。

城市地球馆 梁钢 绘

How hard would it be for the geometric shape of a pavilion to describe such a wide, deep and complicated philosophical topic? Can the pavilion bear such heavy load?

城市地球馆 杨健 绘

◎ 上汽集团-通用汽车馆
SAIC-GM Pavilion

展馆要展示的主题是"直达2030"。

那么作为展馆的建筑设计师该用怎样的建筑语言符号系统（我指的不包括馆内展品）来陈述主题呢？建筑语言（包括隐喻）有这个功能吗？

这里有创新的广阔天地，有灵感俯身。汽车外型（几何形体），尤其是它的流线型和各种优美曲面在本质上正是一座移动的、快速运动的建筑。我热爱汽车的几何外型，恰如我激赏一栋屋。

该展馆的设计灵感来自发动机的旋转，于是便有了外观呈螺旋形的优美曲线和由它构成的曲面。

人的视觉系统偏爱螺旋形。用科学的话来说就是：该系统分辨物体的外形、明亮度和色彩等都要靠视皮层来实现，视皮层钟情于螺旋形。若用神学术语来说就是：

上帝亲吻过螺旋形。上帝造人的双眼是为了让人能欣赏上帝创造的、亲吻过的螺旋形。

这种曲线的运动轨迹作为一种隐喻，还在于暗示今后二十年汽车工业和未来城乡交通的进步是可持续性的。其轨迹不是别的，只能是螺旋形！

一切进步都呈螺旋形上升运动的轨迹。

多好的建筑设计创意啊！

上汽通用汽车馆 邓蒲兵 绘

The theme of the pavilion is "Drive to 2030".

◎ 太空家园馆
Space Home Pavilion

主题是和谐城市，人与太空。

展馆建筑设计仅以支柱和地面（大地）巧妙地连接为构思，宛如一个悬浮着的发光体，正在拼命挣脱地球的引力，飞向浩瀚太空……

有人说，地球上还有一大堆危机困扰着当今人类，何苦去探索天上？地壳板块运动的秘密便不知晓，无法准确预报地震，我们有必要急着上天吗？火星、木星、月球……能成为人的家园吗？

这些天体环境对人类抱有敌意，不适宜人居住，人不能安居乐业，怎么是人的家园？

人是地球人。生，是地球人；死，是地球鬼。这是我的信条。

我就不相信太空是人的家园。

讨论这个问题同展馆建筑艺术好像没有关系，其实关系极大。内在的、总思路的关系。优秀建筑师理应是思想家。

该展馆建筑设计的思路是用简洁的几何形体语言和梦幻般的色彩来传递"天地人"这个统一体。科技、能源等概念是贯穿内外的。

别忘了，今天的人由两大块构成：上帝造的人+科技造的人。

太空家园馆 邓蒲兵 绘

The theme of the pavilion is "Harmonious City, Human and Outer Space".

◎ 世博轴
Expo Axis

这是整个园区内最大的单体建筑,长宽分别为1000米和110米,采用全新的建筑几何形体,地上分两层,地下两层,半敞开式,集商业服务、餐饮、娱乐和会展服务为一体。

顶部由69块巨大的白色膜布拼装成迄今世界规模最大的索膜结构,如同朵朵白云,为整个世博园区一大景观。六个巨型圆锥状的"阳光谷"采用钢结构语法,为的是采集阳光,输送空气。这里有高科技。

整个建筑预示了明天(将来)建筑思潮的路子。

在本质上,游戏(玩几何形体)成分很多。

人是怎样一种动物?

人是创造各种符号的动物。建筑是众多符号的一种。

建筑符号是人类意义世界的一个重要部分。一座城市是由一些标志性的建筑符号来表明、凸显它的存在,并同其他城市区别开来。

世界城市尽是千篇一律的建筑符号才是地球的悲哀。

人是一个说话的存在,其中便包括说建筑语言。

建筑语言不仅造就了城市,也造就了我们自己。这是我把城市建筑提升到哲学层面来观照和理解的结果。

阳光下的世博轴
刘晓东 绘

As the largest single building in the Expo Park, it is 1000 meters long and 110 meters wide. In a brand new geometric shape, it is divided into two floors above the ground and two floors below the ground, and serves as a semi-open-air center providing business service, food, entertainment and conference as well exhibition service.

世博轴 黄幸梅 绘

◎世博文化中心
Expo Culture Center

几何造型呈飞碟状,建筑分地下两层,地上六层。

从不同视角、不同时间去看,建筑呈不同形态。不同参观者根据自己的视觉,得出属于自己的图像。

该中心集演艺、娱乐和展示为一身,主场馆可根据不同需要,隔成数量不等的座位(从5000到18000个),满足人们对各种空间的需要。

人是消费建筑空间的动物。"城市,让生活更美化"便包括对各种人造空间的消费。

该建筑没有什么隐喻。如果有,那也是一个陈述句。陈述可以用多种形式的语句来表达,比如用汉语、英语、日语……

这里用的是建筑语句,说:

"到中心来娱乐吧!我知道你寂寞,这里可以驱赶你的寂寞、枯燥和无聊,但无法排遣、根除你内心的孤独。寂寞和孤独有根本区别。也许你不孤独,只有寂寞。孤独的层次很深,你还达不到,够不着。寂寞较浅,属于社会学层面。孤独属于形而上的哲学层面,属于人生于天地间的根本处境。"

最后我想说:语言(包括建筑空间语言)造就了我们自己。我们怎么也绕不过建筑!

世博文化中心 余工 绘

The building presents different looks when viewed from different angle and at different time. Visitors can acquire unique image based their own perspective.

世博文化中心 李利民 绘

◎城市足迹馆
Pavilion of Footprint

主题是力图展示世界城市在从起源走向现代文明的历程中，人与城市、环境之间互动的关系。

这是一个很复杂、难以表现的主题。展馆建筑几何空间语言系统能够陈述这一长串足迹吗？这给建筑设计师出了一个难题。

就展馆外观（几何形体）来看，并没有特色，同主题几乎不沾边。

设计师只好在馆内通过三个厅把主题作出演绎：

世界范围城市的起源为第一厅；城市发展为第二厅（包括宋代城市，佛罗伦萨等）；城市智慧为第三厅。

其实按我的识读和解释，展馆建筑几何体理应设计成一个十字。在古埃及的象形文字里，"城市"这个词便是一个十字，外围是一个圆圈，表示城墙。十字为两条大街相交。交点是广场。街的两边是商店林立，还有形形色色的手工作坊。当然政府机关和宗教建筑也坐落在此。

好几千年，城市发生了重大变化，但城市的"十字"结构没有变，只是设置了红绿灯，车水马龙，人满为患。因为城市是人欲最集中、最涌动的建筑空间的集合。

城市足迹馆 邓蒲兵 绘

Its theme is trying to show people's interaction with cities and the environment in cities' development process from their origin to modern civilization.

城市足迹馆 梁钢 绘

◎万科馆
Vanke Pavilion

展馆又名"2049"，是新中国成立100周年的华诞，有预示未来建筑的隐喻。再过39年，城市、国家和建筑艺术世界会是什么样子呢？

改革开放三十来年，万科同其他一些建筑企业在我国房地产建筑业界起到了领头羊的作用。今天，它理应在世博会上用建筑空间（内外）符号对明天的建筑（尤其是住宅）作些引领性的开拓或预测。

展馆由七座宛如麦堆的几何形体组成。最主要的建材是用麦秸压成的板，低碳，环保，百年后也不会产生建筑垃圾。

人类建筑文明的起点是由木头、泥土、石头、茅草、稻草……构筑而成。回向原点，建筑返乡，建材理应回到同大自然亲近、融合、不对生态环境造成伤害的位置。

万科展馆建筑从外型到建材都是一个感召句：

螺旋式上升回到人类建筑的原点，同大自然亲和！

是的，建筑语言符号完全可以胜任充当一个有力的感召句。中世纪西方哥特大教堂便很典型。

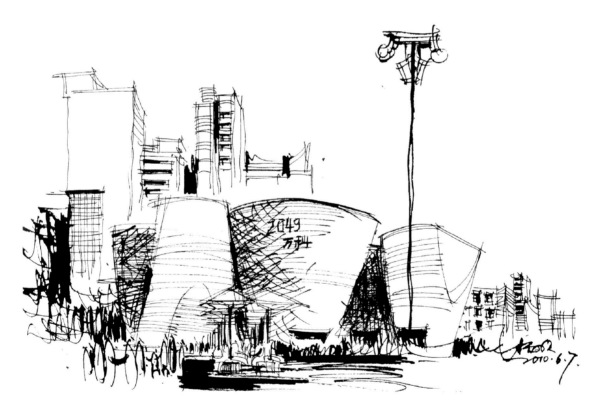

万科馆 杨欢 绘

During the 30 years since China's open-up and reform, Vanke has been the leader in the real estate industry. Today, it should do some exploration or prediction for tomorrow's buildings (especially residential houses) by using architectural space symbols (both exterior and interior) to lead other developers.

◎ 联合国联合馆
United Nations Pavilion

展馆建筑的设计灵感来自何处？

难为建筑师了！

主题是：同一个地球，同一个联合国。

那么，世界各国有同一种建筑风格吗？就是说，造物主创造了人，在文明之初，人从洞穴走出来，搭建简陋窝棚的时候，哪种几何形体才是各民族共同的建筑原点？

按理，联合国展馆建筑应是一个窝棚才对。当然，这仅仅是从理论上作出的"逻辑与存在"。今天事实上展馆却是一个最简洁的方盒子几何形体，因为里面要容纳联合国二十多个组织，其中包括：

卫生组织、贸易组织、世界银行和人口基金……

众多组织机构同在一个屋檐下，同门异户，只能在一个最简洁的方盒子里。这种建筑空间才是国际的，是地球各个国家、民族可以认同的同一种建筑风格，它不偏向任何一种风格，不以任何风格（西方的或东方的）为中心，而是大家都能接受、认同的几何形体：

大方盒子

这个盒子是经过上帝亲吻，最后拍板敲定的，尽管外观呆板，对视觉够不成冲击。但一碗水端平了。上帝是平衡大师。平衡即和谐。平衡的，才是最美的。

联合国联合馆
段渊古 绘

This box was finally agreed upon after being "kissed" by God. Although it looks dull and is not eye-catching, it presents balance. The god is a master of balance, which means harmony and is the best.

◎ 世界贸易中心协会馆
The World Trade Center Association Pavilion

展馆主题是：努力推动世界各国贸易，实现世界和平。

是的，在东西方人类文明的历史上，贸易是和平、繁荣和进步的代名词。贸易促进了"城市，让生活更美好"。

贸易的最高精神是人与人之间的互利、互惠和双赢。只有在人之间才有贸易，动物世界则没有。

顺着这条思路，建筑师的设计灵感来自展馆建筑的形与色：

形，仍旧没有跳出四角形箱体几何形体这一通用建筑形态概念。可见密斯·凡·德罗这位建筑思想家设计理念对后世影响之深。今天，德国人认定他是"德国伟人"。

色，外墙从天空的蓝色渐渐变化至大地的青绿色，表示天、地、人的和谐世界。

用色彩作为符号和隐喻是人类千年的传统思维。比如国旗。

的确，在人类文明之旅中，贸易作为一种活动，一种建设性的力量，恰恰同战争的破坏和邪恶力量相反，它意味着人与人的相互需要和平等交换。在根本上它是天、地、人的和谐世界的基础。

它理应符合中国古人的"道"。《太平经》是我国道家的经典，里面提出了一个最高概念："天文地文人文神文"，当是贸易馆的世界哲学层面的主题。"君子爱财，取之有道。"

世界贸易中心协会馆　姜小云　绘

The theme of the pavilion is to promote international trade and realize world peace.

◎ 城市人馆和城市生命馆
Urbanian Pavilion and Pavilion of City Being

这是"同门异户"的两个展馆,主题相通,关联紧密。

前个主题"人的全面发展是城市可持续发展的前提"。逆命题更有理:"城市可持续发展是人的全面发展的前提"。正题和反题是互为因果的。

生命馆的主题是"城市如同一个生命活体,城市生命健康需要人类共同善待和呵护"。

两个展馆放在一个屋顶下符合逻辑。这给了建筑设计师某种方便。于是他的灵感是企图用隐喻的形式,通过高科技手段(包括新型建材),表达城市富有生命的结构、个性气质和灵魂。

千百万城市居民集合并不是简单的算术和,不是1+1+1=3,而是大于3。城市是一个大写人。

城市有功也有过,甚至是罪恶!核武器、生化武器不是乡村,而是城市的产物。垃圾危机也是城市制造的!乡村和土地是最大受害者。城市的功过归根到底是人性善恶两个面造成的。

就建筑来说,两个馆合而为一是对的。其体量很大,如同航空港的候机大楼,属于后现代主义,对于我们,这样的语法结构并不新鲜。它成了"新国际主义风格"。

至于它作为一个隐喻,我识读不出什么。也难为了建筑师。这样的几何形体能说出什么,能让参观者读出什么?很难。

城市人馆和城市生命馆 刘晓东 绘

These two pavilions are under the same roof, with their themes associated with each other.

◎ 国际组织联合馆
Joint Pavilion of International Organizations

展馆没有主题，现在让我不揣冒昧，点出它的主题：

人活在当今世界，不可能是单个人的存在，只能是各种大小组织中的人。在本质上，组织即政治。它是政治团体，即便是商务组织，它在实质上也是政治组织。

人生来就是政治性动物。这是亚里士多德的一句名言。各种国际组织便体现了这句智慧箴言。

该联合馆包括世界自然基金会馆、全球环境基金会馆等14个馆，建筑语言符号系统该如何表达它呢？

外观又是20世纪中叶密斯·凡·德罗的概念：四角形箱体几何形体，这一简洁、通用的形态。

建筑作为一种语言，它是什么？

我认为是科学技术语言、诗歌语言、雕塑语言、绘画语言和哲学语言共同编织和杂交的产物。

这五种语言的类型不同，但它们是相互补充的。最好的、卓越的建筑可以把这五种语言全部吸收，集于一身，成为一个最大的有意义的隐喻。在这方面，国际组织联合馆并没有成功。我们的画家最后决定把它画下来，是为了说明建筑师的难处。

国际组织联合馆 余工 绘

Nowadays, people can't exist just as an individual. Instead, people must belong to organizations of various sizes. In nature, an organization, even business organization, is a political group.

◎ 国际信息发展网馆
United Nations DEVNET Pavilion

主题是"城市救援与和谐生活；国际沟通与合作"。

建筑师为了表述这个主题，把建筑外墙全用上了玻璃，采用"液体玻璃"技术喷涂，晶莹剔透。入口处有七根盛水的玻璃立柱，利用水的落差瞬间形成"大爱无疆"等字样和图案，反复演示，凸显主题。

我们一再看到，玻璃这种新型建材在整个世博园区用得最普遍。在将来的建筑中，玻璃的作用会越来越得到加强。1959年英国比尔肯特公司发明了浮法玻璃，由此完成了现代平板玻璃生产方法。

密斯·凡·德罗早就提出了由铁和玻璃构成四角形箱体建筑，主张所有的建筑都可以采取这一通用形态的概念。这样，铁、玻璃和混凝土材料便有力地支撑着现代主义以及后现代主义形态建筑语言符号系统。

其凸显特点是出现"玩具箱状"（积木般）的多样化局面，呈现出大量使用单纯直观几何学的形态。上海世博大多数展馆建筑说的正是这种几何形态语言。

其中玻璃这种建材发挥了独特的功能，显示了它的重要性，富有时尚气息。

国际信息发展网馆　娄小云　绘

The theme is City assistance and harmony life; international communication and cooperation .

◎ 菲律宾馆
Philippines Pavilion

展馆建筑几何造型是个方块体,是否预示建筑语言极限存在开始冒出了苗头?我确信建筑语言有山穷水尽疑无路的那一天,但正是在那一天会出现"柳暗花明又一村"的局面。

别忘了,人只要存在一天,在温饱之后便想玩,游戏,包括玩建筑几何形体。不玩的人,一定是"走尸行肉",没有生气。

展馆外部四个立面环绕着一幅"人手拼贴画",这又是玩,接着玩。

展馆内外整体设计思路以音乐和舞蹈表演为主要元素,为的是冲决饱暖之后的空虚、无聊、寂寞和单调。

艺术活动是人同寂寞、无聊和空虚作殊死格斗的永久性战场;当然也是人以牙还牙的永恒报复。

是的,艺术(包括建筑)是艺术家(不管从哪个角度看,建筑师和环境设计专家都是艺术家)带领千百万人去对无聊作永恒报复的行为。

"我报复,故我在。"这句格言在夜深人静和半窗残月时是很悲壮的。

在入夜的上海世博园区,我隐隐约约听到这句呐喊性质的格言传来,由远而近,再由近到远……

这句格言有助于我们识读展馆建筑的实质。

菲律宾馆 徐志伟 绘

The pavilion takes the shape of a cube. Does this indicate an early sign of the limits of architecture language? I'm convinced that there seems to be a dead end of architecture language, but when that day really comes, you will find a new opportunity to begin a new trend.

菲律宾馆 梁钢 绘

◎ 土耳其馆
Turkey Pavilion

　　展馆外部设计灵感来自世界上已知最早人类定居点之一安纳托利亚的"叉形山"。

　　土耳其学者认为，这里是土耳其"文明的摇篮"，也是土耳其城市的源头。未来的发展不应迷失源头，忘记摇篮。

　　展馆建筑由两层外墙包裹着。第一层外墙为鲜艳的红色，结构现代，直接借用了"叉形山"壁画上的一个抽象符号；第二层为一幅岩画，少不了狩猎场面。

　　展馆建筑设计师谙熟世界史的基本脉络。人类由食物采集者进化到食物生产者是城市文明奠基性的一步。只有当食物来源的全部是靠作物栽培和畜牧业，而不是靠狩猎和采集（野菜野果）的时候，人类第一座城市的崛起才成为可能。这才是定居点的意义。因为最大的定居点才叫城市。剩余粮食和分工是城市基础。

　　这时候，犁和轮子的发明，还有水井的出现，是非常重要的文明事件。

　　展馆紧扣这三个环节：梦回过去→耕耘现在→畅想未来。

　　少了其中一个环节，都是严重残缺。

土耳其馆　刘开海　绘

The pavilion closely focuses on the three sections: dreaming about the past, developing the present and imagining the future.

◎ 印度尼西亚馆
Indonesia Pavilion

展馆顶部有数十根竹子穿墙而出,是这个国家传统与现代生活方式相结合的一个最简洁的符号。

建筑理应成为时代精神一个凸显的标记。同一时代精神因地域不同而形式有别。

一般来说,符号有两大类:

1.自然符号。乌云表示将要下雨。一叶落知天下秋也是自然符号。

2.人工符号。国旗、纪念碑和教堂十字架等。

人工符号优越于自然符号。比如乌云并不是随叫随到的。

作为一种人工符号的建筑则有这种优势。

上海世博会许多展馆都表明了这种优越性。

印度尼西亚展馆由一条600米长的通道贯穿,中心处有17米高的瀑布飞流而下,将自然界最基本的元素水——生命的源泉——同现代建筑几何空间糅合为一个有机体。

印度尼西亚馆 郑昌辉 绘

It is penetrated by a 600 meters long passageway with 17 meters high waterfall in its center, fusing the most basic element water–the source of life with modern geometric space.

◎ 中南美洲联合馆
Joint Pavilion of Central and South American Countries

展馆包容了中南美洲巴拿马等十个国家,又是"同门异户"的关系,建筑师很难找到一个统一的符号(或隐喻)来陈述各个不尽相同的故事。

并不是每栋屋都有能力讲故事的,尤其是情节复杂的故事。别过高估计了建筑讲故事的能力!建筑没有过大"荷载意义"的能力。没有!

在这里,我只想谈谈该联合馆的几何形体和玻璃框架结构(词汇和语法)。未来的许多公共建筑(比如航空港等)都会步其后尘,成为一种"新国际主义的建筑风格"。这是今后发展大趋势,给人的视觉现代感。

在玻璃边框结构语法中,铝合金、钢材和木材等代表性材料支撑着玻璃。

必须考虑玻璃结构的变形,因为玻璃结构大多是非独立的结构,它由建筑物的躯体支撑着。所以要估算以下情况(建筑美学或审美的物质大前提永远是硬建筑),一旦建筑物变了形,审美便会告吹:

1. 长期荷重、雪压(垂直荷重)导致支撑结构变形;2.地震导致变形。所以玻璃及其框架必须有对此适应的缝隙;3. 风荷过重导致变形。

以上三点是硬建筑世界的范围。它是建筑美学(软建筑世界)的物质大前提。这条最高原理是永恒不变的,它和我们所在的星球同在!

中南美洲联合馆 刘开海 绘

It includes sections under the same roof for ten Central and South American countries such as Panama so it is hard for the architect to find one single symbol or metaphor to tell different stories for different countries.

◎ 美国馆
USA Pavilion

二战后，美国成了建筑设计强国，领导世界建筑新思潮，风起云涌，塑造了世界大城市的几何形体，包括东京和香港；再就是今天的上海摩天大楼林立这种建筑语言符号系统（包括天际线）源自美国的芝加哥和纽约。在下面这条连接中，美国扮演了主角：

现代主义→国际风格→后现代主义→新现代主义→……

当然还有层穷不出的高科技派、解构主义和新都市主义，说明人是这样一种动物：城市得到剩余粮食的有力支撑，一群建筑师便去尽情地"玩"建筑几何形体。各种曲线、曲面拔地而起。其中盖里（F.Gehry）的设计走得最远，这便是他的解构主义（Deconstructivism）。

在今天的美国展馆中，是个混合型：既有后现代主义和结构主义的影子，也有新都市主义（Neo Urbanism）的回声。

从高处看展馆造型像一只展翅飞翔的雄鹰：

霜鹰下击秋草白，田鼠仓皇乱阡陌。

它象征力量、自由和勇气，也是展开双臂欢迎来自五湖四海朋友的一个隐喻。

建筑是一首隐喻性质的诗。它会吟唱，有风韵、声响和律动。

美国馆 岑志强 绘

The architecture is a metaphorical poem that can sing with its own style, voice and thyme.

◎ 巴西馆
Brazil Pavilion

展馆采用木材可回收的环保型最古老的建材。
颜色是通体的热带雨林绿。建筑外形宛如丛林中的巨大"鸟巢",是生命源泉一个耀眼、醒目的符号。
它在提醒人们:
几千年的人类文明是多么依赖森林!

当人把原始森林中的
第一棵大树
砍到在地　建造屋
人类文明即宣告开始

当最后一棵
倒地
发出最后　一声哭
人类文明即宣告结束

这才是巴西馆的隐喻。

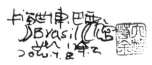

巴西馆　余工 绘

When the first tree in the primitive forest was chopped down
To build houses
The human civilization announced its start

When the last tree falls down
Crying with the last drop of tear
The human civilization announced its end

◎ 南非馆
South Africa Pavilion

展馆整体造型简洁、朴实。设计师把整个建筑置于一把巨大的"伞盖"下。这是建筑师想象力的产物。

诗人的丰富想象力是建筑设计师最重要的素质之一。

展馆外部装有全色显示屏,用图像和声音展示南非三面临海的地理环境和独特文化,包括斑马这种动物。

展馆中的天井以木梁作装饰,作为传统"栅栏村庄"的一个符号,使我想起南非布什曼(Bushman)部族的布什草屋。它由苇草编制成筒形窝棚,是今天南非建筑文明由之出发的原点。

我激赏南非馆建筑师的设计理念:念念不忘建筑的原点。只有这样才不会迷失大方向,21世纪的建筑才不会异化,不会成为非人性的病理建筑,比如西方的解构主义。

南非馆 高东方 绘

The overall shape of this pavilion is simple and primitive. The whole building is covered by a huge "umbrella"by the designer. It is really a product of the architect's imagination.

◎瑞士馆
Switzerland Pavilion

展馆设计灵感来自瑞士独特的自然地理、地貌。这是一个"群山之国":

山峰多异态,灵境雨濛濛;夕阳秋风起,吹坠一声钟。

我曾先后两次踏察瑞士的阿尔卑斯山山村,我能理解这里的山川风云雷电对建筑师的影响。

按中国人对展馆这个"文本"的识读或解释,它包含着中国阴阳哲学的平衡观念。这里又有了一个隐蔽的十字:

1. 人与自然和谐相处;
2. 城市与乡村的互动,相互依存。

从外面看,展馆没有墙。金属丝网像瀑布一样从16米的高度垂下。建筑便在幕里,隐约,朦胧。在网格上,依附着两万枚胶木大小的红色圆盘,半透明,阳光一照,地面斑驳的圆形光斑会随着太阳角度转移,并将光能变成电能……

设计师追求不对称、多轴线和流动空间的美感,对参观者的视觉是享受性质的冲击。展馆在玩光影效果。在明天的建筑空间,光影的戏剧性只会越来越重。高科技允许建筑师玩得心跳。

瑞士馆 邓蒲兵 绘

The pavilion was inspired by Switzerland's unique natural geography and landform. Switzerland is a country of various mountains.

瑞士馆 梁钢 绘

◎ 智利馆
Chile Pavilion

　　展馆建筑主体由钢结构和玻璃构成。从空中鸟瞰，建筑几何体呈不规则的波浪起伏的曲线、曲面状，宛如一个巨大的"水晶杯"，这是使用玻璃产生的视觉效应。

　　杯中盛满了智利人对城市方方面面的识读和理解。类似于木桩的棕色长方体（又是这个千年传统的古老几何体）穿越整个"水晶杯"。杯壁使用了大量环保U形玻璃。

　　长方体的两端为展馆出入口。

　　馆中央是个巨型蛋。参观者可以见到一粒种子在里面不断变化。

　　可以看出，为了实现展馆建筑的创意和主题，建材玻璃是重要手段。

　　玻璃以其各种不同效果用于建筑各个部位，归纳起来至少有以下四种（从中我们可以预见明天建筑的况味）：

　　1.利用玻璃的透明感使室内外空间一体化；2.大面积玻璃墙面，可以显露出其背后结构体架构的形态特征，给人现代感；3.玻璃作为晶体材料，有强烈的装饰性效果。否则智利馆的"水晶杯"便是一句空话；4.玻璃具有防火、耐火、阻断紫外线、阻断X射线的不同功能。

　　用玻璃这种建材抒写建筑诗恒给人时尚感和现代感，令人啧啧叹赏！

智利馆　郑昌辉　绘

　　The main body is made of steel structure and glass. Viewed from the sky, it looks like a "crystal cup" due to the visual effect created by glass.

◎ 委内瑞拉馆
Venezuela Pavilion

展馆建筑造型以及整个语言符号系统都是为了表达这个主题：

超越种种障碍，实现"团结、共存共荣和平衡"，以及追求社会的多元、包容和融洽。

于是设计师灵感附身，采用了"克莱茵瓶"的三维立体直观几何结构，没有边界，连续的曲面和展馆内外相融，混然为一个整体。

建筑师是沉醉于"玩"几何形体的人。这是他的职业，更是他"乐而不疲"的酷爱。人生最大的幸福保证莫过于个人爱好同赚饭吃的职业重叠在一起。是的，"一物能狂便少年"。不狂的人，不是好建筑师。同样，不狂的画家也决不是好画家。余工便是狂人。

艺术就是一个"狂"字。

青年时代的我，读过拓扑学。今天这门几何学有助于我走进当代前卫建筑。在拓扑学中，我们理应从多面体入手去探讨曲面。要知道，球面的拓扑性质就和椭球面、立方体、四面体相同。简单多面体可以经过变形而成球面；棱柱块经过变形而成环面。"组合拓扑学"的研究方法有很大优点，它可以推广到三维以上的空间去。上帝曾亲吻过它。

玩组合拓扑学是玩建筑二维立体的基础。后者是前者的应用。

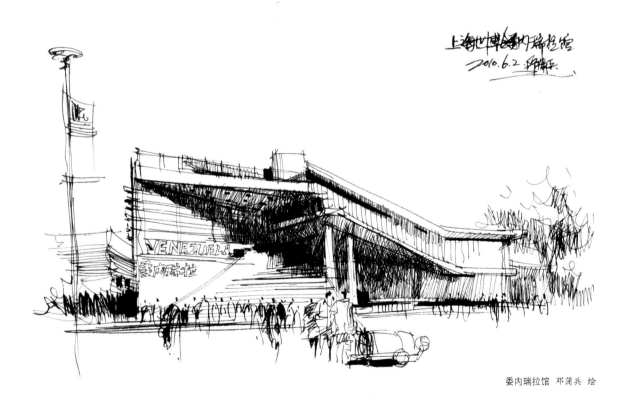

委内瑞拉馆 邓蒲兵 绘

The pavilion is trying to show the following theme: realize "unity, co-existence, co-prosperity and balance" and pursue diversity, inclusiveness and harmony after overcoming various obstacles.

◎ 台湾馆
Taiwan Pavilion

　　展馆建筑设计灵感来自大自然的山脉，它由山棱线勾勒而出。

　　人与一座山的关系是"我有万古宅"，是"叠嶂入云多，孤峰去人远"。在本质上，大山如立在结构上是建筑的。它的设计师是创物主的一双神手。

　　展馆主体由巨型玻璃天灯与LED球体组成。天灯的外立面采用调光薄膜，通电时呈通透状，给人现代感。

　　在这里，我要谈谈现代玻璃这种使用得最广的建材。在世博会展馆，我们处处都能看见它的身影。没有它，今天和明天的城市生存会多有不便！因为现代玻璃成了当代建筑一种不可或缺的建材。

　　玻璃是什么？是固体吧？不，它像固体，其实是塑性很大的液体！可见，玻璃是一种奇特的物质。只有对玻璃有了些认识，我们才能更好地识读、审美当代形形色色的玻璃建筑直观几何形态。

　　传统玻璃制造最早出现在公元前18世纪–前17世纪，它同人类城市和建筑的原点一样古老。一部建筑史也是一部玻璃制造史。建筑需要玻璃。

台湾馆　邓蒲兵　绘

Inspired by the mountains in nature, the pavilion takes the ridges of mountains as its outline.

◎ 日本馆
Japan Pavilion

展馆建筑几何外形宛如"紫蚕岛",其创意灵感是否来自蚕茧?这是生态建筑吗?

"师从大自然"为明天的建筑师开辟了一幅无限广阔的前景。鸡蛋、鸭蛋、鹅蛋、蚕茧……为什么呈椭圆状?

它体现了造物主的最高智慧。如果有一天,有只母鸡生下了一个正方形的蛋,那么,人们有理由惊恐万分!

至于日本建筑师为什么选定"蚕茧"的几何形状,我看有任意性,"游戏原理"占了上风。

展馆外部表皮覆盖了超轻的发电膜,这样便成了一栋对地球环境友善的建筑,符合当今的时代精神。

人及其建筑文明都不能超越他所处的时代精神,恰如人无法挣脱自己的皮肤。

21、22世纪的建筑设计师都受这条原理的支配,无一例外。

日本展馆的主题是"心之和,技之和"。"和"这个汉字在日本文化中很重要。展馆建筑曲线曲面正是"和"的几何空间化。

日本馆 陈国栋 绘

The theme of this pavilion is "the harmony between the human heart and technology". The harmony (i.e. Chinese character "和") is very important in Japanese culture. The pavilion is actually a geometric space that resembles "和".

◎英国馆
UK Pavilion

英国是个建筑设计强国，一向如此。像说水彩和油画一样，英国人在说建筑直观几何空间语言的时候，同样是灵感附身，富有原创性或艺术创造力。

上海世博英国馆又一次表明了这一点。

展馆核心"种子圣殿"的表皮用了6万根纤细、透明的"亚克力"条杆插在建筑表面，向各处伸展、摇曳。白天"亚克力"杆把阳光引进室内，晚上又把室内的灯光导出，形成美轮美奂的夜景效果。

设计师的灵感是不是来自植物，比如蒲公英？这是仿生建筑。在明天（将来）的建筑中，仿生建筑思潮将是趋势。英国"蒲公英"为我们提供了创作样板，引进了一条思路。

人和植物种子在一起就是人同生命的原点在一起。绿色植物是我们的命根子。英国馆的设计是一等建筑诗人想象力的产物（亚克力杆内总共放置了26万粒粮食和花卉种子）。在建筑设计活动中，想象力比知识更重要。

英国馆将高科技的新材料大胆介入建筑表皮里，古里古怪的建筑更需要得到新材料的支撑。

英国馆 张英洪 绘

The UK has always been a country good at architectural design. British "speak" visual geometric space language as if they are "speaking" the language of watercolor and oil paintings, feeling inspired and full of originality and artistic creativity.

夜幕下的种子　冯信群　绘

◎ 香港馆
Hong Kong Pavilion

这是一栋三层楼高的展馆，中层通透。

设计者的主题或创意放在"通透"这个建筑隐喻上。借助于这个隐喻，传达以下明确无误的信息：

香港是个开放、现代化和高度透明的贸易大港或社会，它同全世界相连，又是东西方文明相交汇的大城市。港口门吊式的展馆设计正映衬了这个港口城市的基本形象。

建筑师的这一立意需要想象力。看来，我们无法绕过想象力来评论世博展馆建筑。只有想象力才能真正了解想象力。建筑师的想象力需要参观者的想象力来配合：参与、解释和感受。

千百万参观者发挥其想象力才能识读、把握展馆的隐喻。

作为一座城市，香港是成功的。它在地球城市历史上留下了自己深深的脚印。

人的大脑有三种卓越的功能：

记忆、思考和想象。

建筑师在设计的创造活动中，把这三种功能全部调动了起来。

香港馆 邓蒲兵 绘

The theme or the concept of the design is an architectural metaphor: transparency.

◎ 捷克馆
Czech Pavilion

展馆建筑设计灵感由两大块组成（游戏原则占上风）：

1.主入口旁边矗立着形态优美的丝带曲面状螺旋体建筑；

2.白色外墙布满了63415个黑色橡胶制的"冰球"，拼贴出布拉格老城区的地图。

在老欧洲的建筑历史上，布拉格这座城市以其建筑明珠（尤其是中世纪哥特教堂建筑艺术）闻名于世，当然还有最早的布拉格大学。所有这些都是城市文明的产物，捷克人以此引以为自豪。

的确，布拉格有理由为自己过去的建筑辉煌而骄傲。毕竟那是往日的光荣。那么明天呢？世博会，"城市，为生活更美好"理应更多地展望将来。

老实说，在整个人类建筑文明的历史上，中世纪的布拉格这座城市的建筑艺术都占有重要地位。那里贡献了石匠出身的建筑师家族，名垂史册。一座名城常常同几位杰出建筑师的英名联系在一起，是城市的光荣。

没有拔高居民灵魂状态的优美建筑诗，城市何以能让生活更美好？

捷克馆 娄小云 绘

Of course, Prague has reasons to be proud of its brilliant achievements in architecture made in the past, but it is the glory of "yesterday". How about tomorrow? With the theme of "Better City, Better Life", the World Expo shall make more efforts to look at the future.

◎ 新西兰馆
New Zealand Pavilion

展馆的外形，宛如一对乘着歌声的翅膀，表征着新西兰幅员的基本面貌。这是一个建筑符号，也是一种隐喻。

建筑语言是一个由符号组成的系统。杰出的符号包含了隐喻。

作为隐喻的新西兰展馆企图说出这个主题：

蓝天白云底下的大地。

在本质上这是建筑哲学第一原理。人生于天地之间，应敬天地，爱万物。天地不仅为我们提供了食物，同样也为我们的房屋提供了坚实、可靠的地基（尽管有时也会发生地震）。所以人对大地的敬畏是大文化地产观最核心的感情。

展馆的屋顶是一座花园，栽种了新西兰最常见的植物。

新西兰馆 余工 绘

The pavilion looks like a pair of wings soaring in a song, which symbolize the geographic feature that New Zealand is composed of Northern Island and Southern Island. This is an architectural symbol as well as a metaphor.

◎哈萨克斯坦馆
Kazakhstan Pavilion

我说过，人脑有三个重要功能：回忆、思考和想象。

一个人活到70岁仍然会念念不忘自己的童年和依偎在慈母身边的岁月。

哈萨克斯坦展馆建筑设计师的灵感正是来自游牧民族帐篷几何造型。对它的回忆，旧梦重温，在本质上是一个民族对童年和慈母的集体追忆或眷恋。

展馆表皮采用拉膜材料和玻璃幕墙，为的是实现"传统与现代"相结合。这是时代精神的需要。

回到500年前的生存方式是不可能的。

上海世博园区的所有建筑作为时代精神的代言人，都在大声告诉参观者：

人类文明之旅像一支射出去的箭，它不会回头。回头就意味着毁灭！

今天我们能争取做到的是：同时把传统的好处和现代化的优越性拿到手。如何做到鱼翅和熊掌兼得，脚踏两只船，是摆在世界所有城市面前的难题。

这需要哲学智慧。智慧高于知识。

如何让城市使得生活更美好归根到底要靠哲学智慧。哲学领导科学技术。

哈萨克斯坦馆 高东方 绘

To the final analysis, "Better City, Better Life" depends on philosophic wisdom, which points out the direction for science and technology.

◎ 新加坡馆
Singapore Pavilion

展馆以"城市交响曲"为主题,外形的几何体如同一个巨型音乐魔盒,和谐、动听的旋律从馆中透出来,像是从天堂里的小窗口飘进我们的耳朵。

"建筑与音乐"是一个重要的美学课题。新加坡馆为这个课题增添了一个生动的例子。

尤其是夜晚,缤纷耀目的光影从类似于福建土楼建筑立面参差错落有致的小小窗口和外墙开缝中漫射出来,加强了"音乐与建筑"的亲密性和互动性效果。

馆内造型各异的展厅通过缓坡和楼梯作精美链接,奏出了一首"城市交响曲",令参观者耳目一新,为之动容。

所有这一切,都是来自建筑师的奇妙想象力!

在西方文艺理论中,想象(Imagination)这个术语是从视觉形象而来的。由于想象,虚无才能变成扎扎实实的现实。

19世纪英国伟大电学家法拉第在想象中看到了磁力线。这一想象力有助于他建立电磁理论,才有了今天扎扎实实的电灯、电话、电扇、电脑、电视和手机……

是的,你手中的手机归根到底是科学家想象力的产物。

建筑师的想象力也是这样。上海世博各展馆归根到底是建筑师们想象力的开花结果。

新加坡馆 陈国栋 绘

With the theme of "City Symphony", it is the shape of a huge music box performing harmonious and engaging rhythms that sound like music flowing into our ears from small windows of the paradise.

◎ 澳大利亚馆
Australia Pavilion

展馆的建筑空间几何造型俨然就是一座体量很大的雕塑作品。它的厚重、墩实的体量感给万众的视觉以冲击。

整个外形宛如澳大利亚万古不语的荒野那绵延起伏不尽的弧形（曲面）岩石圈，这是"形"。

加上它的浓重的红赭色，成了内陆红土的凸显符号，这是"色"。合起来给人粗犷、剽悍、雄性十足的视觉印象。所以这栋建筑是男性的，没有婉约，没有柔情，但有乡愁的泪暗滴。久久站在它对面，我同它在交谈。

谈话的内容是澳大利亚的自然地理（地形、地貌和气候），土著，两三百年的历史，当然还有考拉和袋鼠，无数牧场的干旱和牛群的哭泣……

建筑是有生命的。它通人性。日出日落，暮色苍茫时分，它会悄悄地对你说，说有关澳大利亚的过去和现在，还有将来。

在明天的建筑中，大自然背景永远会融入其中。它是回避不了、抹杀不掉的！建筑设计师务必要牢记这一点。

澳大利亚馆　娄小云　绘

Its shape resembles the endless waving curve (curvy surface) of Australian silent wildness. It is in the color of riddle, representing the red soil in the inlands. The combination of shape and color gives visitors a feeling of roughness, power and masculinity.

◎ 俄罗斯馆
Russia Pavilion

宛如童话世界的俄罗斯馆由12个"花瓣"组成的白色塔楼，给万众一种梦幻般的视觉印象。

世界上许多民族的内心都有一个"塔楼情结"。我本人也有，其中包括"阁楼情结"。展馆的塔楼成了俄罗斯民族的集体意识，它仿佛镶嵌在该民族的DNA中。

时代在变，建筑语言或风格（包括建材和科技）在不断更新，但"塔楼情结"始终镶嵌在那里。这便是我说的：人性千年不变，即使有变，也是很缓慢很缓慢的。这是我们预测建筑未来发展趋势的一条基本准则。

顶部镂空图案表现了俄罗斯各民族传统装饰语言的特点。没有传统，同传统割裂，现代化是浅薄的，失去了深厚的土层和根基；没有现代化的活力，传统只会成为古董，成为博物馆的展品，上面落满了厚厚的尘埃。

从馆内传出了俄罗斯民歌的悠扬：淡淡的忧伤，但有丝丝甜美相伴。这才是正宗的俄罗斯馆，我没有走错地方。

俄罗斯馆　朱瑾　绘

It is a white tower made of 12 "petals", looking like a building in a fairy tale and giving visitors a dreamlike visual image.

阳光下的花辫（俄罗斯馆） 冯信群 绘

◎哥伦比亚馆
Colombia Pavilion

展馆建筑设计师并没有在直观几何形体语言上狠下功夫，而是把重点放在色彩上。

展馆由原木色和白色搭配而成，饰以红蓝黄三色的小蝴蝶（上百只）状的图案。

这正是哥伦比亚国旗的三种颜色。这不是巧合，是设计者的精心安排。三种颜色作为有意义的符号也象征着这条永恒的链接：

昨天→今天→明天

该链接在本质上不是什么城市社会学，而是人类文明哲学。展馆内外的主题是强调可持续性发展的今天的明天。那里有个咖啡厅，展出了闻名于世的"哥伦比亚咖啡"。它是上帝为了安慰辛苦的人类，特意赐给的让身心放松的礼物之一。

按我的设计思路，若是把整个展馆建成咖啡豆状的几何体，墙体颜色是咖啡色，便成了人对上帝表示感恩的一个恰当符号。（A Right Symbol）

近三十年，我成了宇宙咖啡闲吟客，常坐在里面构思一部新作，手中的一杯"拿铁"正是用哥伦比亚咖啡豆现磨制作而成。

哥伦比亚馆 邓蒲兵 绘

The designer who didn't put too much effort in the visual geometric language focused more on the color.

◎罗马尼亚馆
Romania Pavilion

展馆建筑设计灵感源自罗马尼亚最受欢迎的水果苹果,因上帝派来的使者(天使)看中了它,咬了"青苹果"一大口,便成了主体的一个部分。它同"苹果切片"部分组合在一起,用青翠欲滴的碧绿色来象征绿色的城市。

今天,绿色成了拯救人类文明的符号或象征。

外墙采用现代玻璃幕墙材料,内为钢结构。入夜,借助灯光,青苹果变成了黄、红苹果,象征收获。

展馆创意有如下两个特点,叫我击节称赞:

1. 苹果几何体属于直观几何,建筑师巧妙地借来作为展馆建筑整体造型,是"顺从自然"的一个生动例子。在明天的建筑中,类似于这种"生态形建筑"会是重要设计流派,比如贝壳、田螺等几何造型。人的视觉对这种几何体有种本能的亲和感。人同自然疏远是当今世界重重危机的根源之一。

2. 展馆强调了建筑符号和象征。

就我而言,我多半用符号这个术语,很少用记号和信号。

我在"符号世界"(The Symbolic World)前面会顿起肃然起敬感。因为按本质,它是哲学的。而记号和信号的级别很低。交通用到的红绿灯便是。有门很深的学问叫符号学。

罗马尼亚馆 余工 绘

The architectural design of this pavilion is inspired by the most popular fruit in Romania–apple, as the angel sent by God is attracted by the green apple and took a bite, and the remained part becomes the main body of the pavilion. It, together with the apple slices, symbolizes a green city.

◎瑞典馆
Sweden Pavilion

展馆建筑结构是一个由四个立方体组成的十字布局。若从空中鸟瞰，它仿佛是瑞典国旗上的十字图案。

四个立方体由象征城乡和谐互动的透明高架廊道连接。将它平铺开来就是一张艺术化了的首都斯德哥尔摩市中心地图！内墙则布满了大自然的元素。

建筑设计表明了四点：

1. 这种创作心理是孩提时代搭积木游戏的延续，只是放大了一百倍。
2. 积木几何体最常见的是立方体。自古以来，人类建筑几何造型最基本的是三角形、正方体、长方体、圆锥体、圆形及其不同变奏和重新排列组合。今天借助于电脑设计，曲面更为丰富、多变、令人眼花缭乱。
3. 不错，"城市，让生活更美好。"但是乡村的农业和林业永远是城市文明的坚实基础。请别忘本！
4. 按我的理解，"十"字这个符号代表了城市和乡村的交叉，合在一起才是和谐的人类文明。

再者，人与自然垂直交叉也是一个"十"字。它更基本。所以上海世博的最高符号应是"十"字。

瑞典馆 杨健 绘

The structure of the pavilion is a cross layout composed by 4 cubes.

The 4 cubes are connected with a transparent overhead corridor symbolizing urban-rural harmonious interaction. When these cubes are unfolded flatly, you'll find there is an artistic map of downtown of Stockholm, the capital of this country! The elements of nature are hanging on the wall inside.

瑞典馆 高冬 绘

◎冰岛馆
Iceland Pavilion

展馆建筑设计灵感附身源自冰岛的自然地理环境：

位于北大西洋中部，有欧洲最大冰川和最活跃的火山（有利也有弊。地热是利，火山灰干扰今天的航空业是弊）。

设计理念是一个巨大的"冰立方"，这是"逻辑与存在"的必然。

非洲国家的展馆建筑便不会出现"冰立方"几何体。因为它违反了"逻辑与存在"这条最高法则。明天的城市及其建筑照样受其支配和统领。

展馆外墙采用冰岛火山岩砌筑而成，上面布满了冰晶图案多么自然！

入夜，在灯光照耀下，一个玲珑通透的冰川世界展现在参观者的视界之内！这里少不了玻璃这种建材。今天，用玻璃做表皮材料的建筑物数量不断增多。上海世博园区已表明了作为外墙的玻璃的广泛用途。

冰岛展馆说明冰岛人与大自然的基本元素（水和地热这个清洁的能源）是何等密切！

这才体现了"人生于天地间"的根本处境。

冰岛馆 余工 绘

The design thought is a giant ice cube, a necessity of logics and existence.

◎斯里兰卡馆
Sri Lanka Pavilion

展馆建筑几何体是一个正方的盒子。

在东西方漫长的建筑史上，几个简洁、常见的几何体永远在唱主角。主题变奏演绎出了人类建筑文明的形形色色或者说是多样性，直到今天，还有明天。比如正方形、长方形、圆形、球性、三角形、弧形……

这些几何曲线都是上帝亲吻过的。曲线比直线优美。直线是什么？直线是从曲线取出的很小很小的一段；直线是曲线的一个特例，恰如平面几何是立体几何的特例。这是微分几何告诉我们的。

展馆外墙饰以宗教信仰和民族风格图案。我特别看重这两个大内容。否则，全世界都是同一个几何体，才是天下第一的单调、枯燥和千篇一律。这也会是天下第一寂寞，建筑造型造成的寂寞。

我推崇建筑风格的多样性。全球建筑语言的一体化是一场灾难。全球的居民都说英语？都穿牛仔裤？过生日时都用英文唱"祝你生日快乐"？我不唱，也不点蜡烛！

斯里兰卡馆 余工 绘

These geometric curves are the blessings from the God. Curves are more beautiful than straight lines. What's straight line? It's a very tiny segment of a curve this is what can learn from differential geometry.

◎利比亚馆
Libya Pavilion

这个展馆的建筑创意全然是受自然地理环境（气候）的支配。我指的是山和水。

这也是我们中国古人看重的两大自然元素，所谓山山水水，千山万水，靠山吃山，靠水吃水。

利比亚虽是非洲国家，但雨水充沛。展馆建筑师的思路是以山为造型，用水这种生命之源的元素贯穿其中。山水是自然生态环境的大框架和根基。

在我们这个星球上，没有独立的建筑，它是自然地理环境秩序、经济秩序、政治秩序、社会秩序和人的精神（内界）秩序（宗教信仰便是其中内容）等多个参数共同作用的产物。

任何一座城市都不能脱离这五大秩序。只有在这五大秩序的支配下才能实现"城市，让生活更美好"。

没有神，没有上帝，只有五大秩序。

利比亚馆 余工 绘

The architectural creativity of this pavilion is fully dominated by the natural and geographical environment (climate). I mean mountains and waters.

◎ 塞尔维亚馆
Serbia Pavilion

　　建筑师的灵感来自传统建筑最基本的词汇和语言，这才是"万变不离其宗"；这才是"主题变奏"的丰富性。

　　展馆建筑企图从多元化、沧桑的历史和展望未来的视角去陈述"城市，让生活更美好"这一愿望。

　　有希望的人类才是生机勃勃的，有生命力的。

　　上海世博展馆作为一种符号，大多在向参观者展示这条黄金的链接：

　　过去→现在→将来

　　过去是现在的过去；将来是现在的将来。所以牢牢把握现在最重要。

　　然而，没有过去的传统，现在是浅薄的；没有将来或展望的现在，是没有动力的，就免不了死气沉沉，一滩死水。

　　塞尔维亚展馆的表皮用极其现代感和空间感向参观者展示了上述链接。

塞尔维亚馆　段渊古 绘

　　An architect is inspired by the fundamental terms and language of traditional architectures, it remains essentially the same despite all apparent changes; this is the diversity of theme variation .

◎ 以色列馆
Israel Pavilion

展馆建筑设计灵感全来自想象力。任意性和游戏成分占上风。它由两座类似鹅卵石的流线型几何体构成（材质不同）。

建筑师是个没有长大的孩子。设计该馆时，他的心理状态是孩童时候在海滩或河滩玩卵石、累卵石的继续。当两块流线体卵石放在一起，稳稳当当为一体时，他便拍手称快，同他的妹妹一块唱，手舞之，足蹈之。

以色列馆预示了明天建筑的大趋势。当得到高科技的支撑，这种趋势也有可能波及住宅，只要人性能承受。

诗人的想象力特别重要；是想象力造就了诗人。

真正的数学家在本质上是诗人，即数学诗人，否则他就成不了大数学家。数学诗（The Mathematical Poem）是能结果实的。

同样，杰出的建筑师在本质上是建筑诗人。建筑诗（比如以色列馆）也是能结果实的。

建筑设计师的幻想是思维的一种特殊形式。

有人说，诗与现实一相遇，它就像幽灵遇到了阳光，即刻消失得无影无踪。建筑诗却不是这样。当它在阳光临照下，会变得更现实，更结实，也更神气，以色列馆便是。

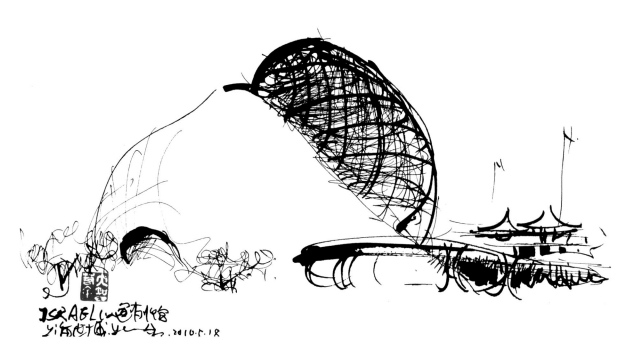

以色列馆 余工 绘

It's said that poem will disappear immediately in the face of reality, like a ghost seeing the sunshine. But it's different to architectural poem, it will become more real, robust and energetic in the sunshine – and it's true for Israel Pavilion.

◎阿曼馆
Oman Pavilion

　　展馆建筑几何造型设计的灵感附身来自传统的航海古船,象征着阿拉伯远洋帆船乘风破浪,不远万里,来到上海这座大商港。

　　建筑外观体现了阿曼两座城市的风貌:古都尼兹瓦和港口苏哈尔。船体为蓝色玻璃,象征水天一色。船头造型很美,是件精美的雕塑。古代许多民族的船头都是动人的雕塑作品。中国古代船头习惯用龙头作为象征。

　　阿曼苏丹位于阿拉伯半岛。它同时拥有海滩、山地和沙丘的地形地貌,对它的建筑风格无疑会有潜在、持久的影响。

　　建筑是什么?

　　建筑是人生于天地间一个活生生的存在符号。脱离山川动植、地形地貌和气候,天地是空的,是个无法存在的空壳。人和他赖以生存的建筑不是空壳中的存在。

阿曼馆 邓蒲兵 绘

　　The architectural geometry of the pavilion is inspired by a traditional ancient ship, symbolizing the great ship of Arab is sailing through winds and waves to Shanghai a modern commercial harbor.

◎尼泊尔馆
Nepal Pavilion

展馆建筑设计灵感源自一座大型佛塔。

在几千年的尼泊尔传统文化中，寺庙建筑和宗教信仰是核心。

围绕佛塔周围还有代表几个不同时代的尼泊尔民居。

强调居民是非常重要的一个环节，否则城市便不能成立。

神住在屋子里，首先要让千万居民住在屋子里。

先有人，后有神。是人创造了神，而不是神创造了人。

这是"逻辑与存在"最高法则。

它支配、管理整个上海世博及其展馆建筑的里里外外。

该法则高于建筑学。

我这个人的眼光并不总是盯着金字塔、寺庙、教堂和银行大厦。我更看重中外传统民居。它才是人的存在本身。比如土耳其的高原民居、阿富汗的走廊民居和我国贵州布依族的石板房。

人因普通民居才存在，才活在世上，才成其为人。这才是"逻辑与存在"（Logic and Existence）。

尼泊尔馆 董克诚 绘

The inspiration of the pavilion is originated in a big Nepalese pagoda.

There are also some folk houses of different ages surrounding the pagoda.

Giving priority to residents is a very important factor, otherwise, there won't be a city.

People live in the world as common residents–this is the essence of "Logic and Existence".

神秘尼泊尔馆 刘晓东 绘

◎斯洛文尼亚馆
Slovenia Pavilion

展馆建筑的立意或主脑是"世界图书城"。

这的确是种创新。它起源于这样一件文化盛事:

2010年该国首都卢布尔雅那成为联合国教科文组织的年度"世界图书城",这件事深深触动了建筑师的联想力和想象力。

展馆正面是一个书架造型,陈列着2000多册书。步入馆内便走进了开架阅读的"俯而读,仰而思"之旅。通过八本不同的巨型图书,我们走进了这个国家的方方面面。

在今天的网络时代,纸质图书的传统价值和地位并没有被动摇。

寂寞时去上网,孤独时去读书。一本好书是我们脚下的灯,头顶上的光。人享受孤独。人在孤独中成长。有好书相伴,相对而谈,何来孤独?

以书本为契机的这座展馆建筑的确是一种天下独绝的创新。我为它拍手叫好。因为我爱读书。

斯洛文尼亚馆 邓蒲兵 绘

When boring, go to the Internet, when lonely, read a book. A good book is like a lamp lighting our way. Man will enjoy the loneliness, and grow in loneliness. With a good book as your company, how could you be lonely?

◎ 加拿大馆
Canada Pavilion

展馆由三座大型不规则的几何体块建筑而构成。它像伸出的一双巨大手臂拥抱中央广场。从空中鸟瞰该馆，又宛如Canada的头一个字母C。

设计师创意的灵感来自何处？我没有机会采访他。有一点是肯定的：来自他的想象力，游戏原理，玩几何体直玩得心跳占了上风。这是当代西方先锋派建筑师的思潮。

反正这种展馆不住人，怎么玩几何体都行。越古里古怪，越花里花俏，越好。这是趋势。只要不倒塌，都算是建筑艺术，有助于人打破日常生活的枯燥、苦闷和单调。

玩建筑几何体需要设计师的丰富想象力。

想象力会产生实实在在的东西。建筑师的想象力不正是这样吗？今天加拿大馆便实实在在屹立在上海的蓝天底下、黄埔江畔。用眼，我们能见到；伸出双手，我们能触摸到。但它是来自建筑师的虚无缥缈的想象力。

也许它并没有什么意义或内涵，也不是隐喻。作为一座建筑，展馆留下了一个大空筐，让千百万参观者的想象力去填满。

这就是建筑艺术的解释学。千百万普通人都成为解释者。

上海世博推出了万众参与的建筑解释学。这是个大事件。

加拿大馆 岑志强 绘

The pavilion is composed of three large-sized irregular geometric blocks. It looks like a huge hands reaching out and embracing the central plaza. Seen from the sky, it also looks like a C, the initial letter of Canada.

◎越南馆
Vietnam Pavilion

展馆选择河内这座千年古城为代表。今年是她建城1000周年。主题是体现城市与大自然的和谐共处。

展馆外部和内部均采用竹子这种分布极广的建材,为的是打造一座纯朴无华的竹子大自然殿堂。

对于我们中国人,竹子这种植物是十分亲切的。在几千年的农耕文明时期,我们先辈的生存离不开竹子。所以越南的竹子展馆建筑对我们中国人是亲和的。

我国古代诗人偏爱吟唱竹子,尤其是用它建造的屋:

"明月午夜生虚籁,误听风声是雨声。"(唐代,唐彦谦"咏竹")

"江深竹静三两家,多事红花映白花。"(杜甫)

的确,建筑同竹子结合在一起便生出安宁、肃静、宁静。

21世纪的城市最缺什么?缺个"静"字。用竹子造的屋,带来的是一个"静"字。城市与大自然和谐相处,最后必落实在这个最珍贵的"静"字上。静是浮躁和焦虑过后的灵魂状态。最适宜居住的环保城市必是静的建筑空间,包括巷子深深。

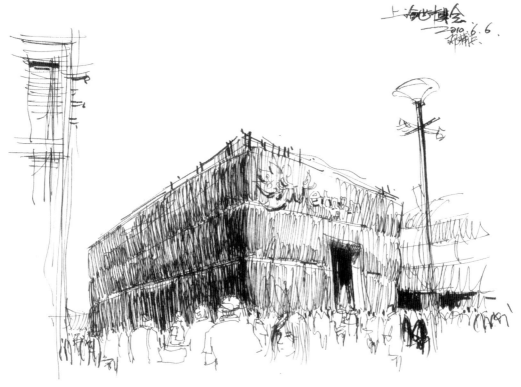

越南馆 邓蒲兵 绘

What do cities need most in the 21st Century? Peace. Houses made of bamboo make peace. The harmonious coexistence of city and nature is finally embodied in peace. Peace is a mental state after experiencing fickleness and anxiety. An environment-friendly city favorable to living must be a serene space, including serene alleys.

越南馆 苏林 绘

◎巴基斯坦馆
Pakistan Pavilion

　　展馆建筑设计灵感来自素有"巴基斯坦故宫"之称的拉合尔古堡。大门的几何造型，左右两座对称的塔楼，完全是男性的建筑。

　　拉合尔（Lahore）宫殿建于17世纪，周围有高高的围墙，从外表看上去像是一座威严的城堡。

　　展馆借用了这个传统的符号所拥有的古老风情，企图将传统和现代、城市和乡村相互编织成一个和谐的整体，这也是整个世博园区展馆的普通格式。

　　在我们这个小小的星球上，有几条最基本的法则是永恒不变的，一切变化都是同一主题的变奏。这同一个永恒的主题便是人与自然、城市与乡村、传统与现代、人与人和谐相处。

　　没有变奏，主题显得千篇一律，索然无味；

　　没有主题，变奏会迷失大方向，会散架，会乱套。

巴基斯坦馆　余工　绘

The design inspiration of the pavilion come from Lahore Fort which is called Palace Museum of Pakistan. On both sides of the gate, two symmetric towers are erected, a virile building.

巴基斯坦馆 梁钢 绘

◎摩洛哥馆
Morocco Pavilion

摩洛哥是唯一自建展馆的非洲国家。

建筑设计师企图通过展馆的语言符号系统去陈述摩洛哥城市的历史和当代城市居民的生活。

建材的选择强调舒适感，并运用隔音、隔热和生态环保等现代技术。

在这里，建筑师的想象力同样是个关键因素。

建筑艺术的高低在很大程度上是由设计师的想象力决定的。想象力的高下则把建筑师分成了三六九等。

世界级的建筑大师必具有顶级的空间构成想象力。

想象力把无生命的东西（比如砖头、石块、钢筋、混凝土和玻璃的组合）看成是有生命的。

展馆建成后便是有生命的一个有机体。越是成功的建筑，生命力也越强，越有说话、陈述和表达的能力。

千百万参观者首先碰到的一个问题是你同展馆建筑的对话。你要学会听它说。它和你是互动的关系这点很重要。

摩洛哥馆　娄小云　绘

The architect attempts to present the history and the life of residents of Morocco by a language symbol system.

◎阿联酋馆
United Arab Emirates (UAE) Pavilion

展馆设计灵感源自沙漠自然景观连绵起伏不绝的沙丘。建筑师试图把沙丘艺术化,成为建筑的基本几何造型。这便是雕塑感极强的阿联酋馆。

这是浩瀚沙海中的波浪起伏,自有它的韵律或律动,建筑师把它凝固了下来在这里,沙漠国度的音乐与建筑融合在了一起。两者的共同基础是沙丘地貌。

因为这是当地人的生存本质条件规定。拿掉沙漠,何以是阿联酋国?这个国家便失去了生存的根基。

拿掉沙漠地貌,阿联酋人也丧失了自我。

于是展馆外壳采用了反射性特强的特殊材料,白天有漫射的阳光穿透整座建筑,入夜的灯光则照亮整个场馆空间。

建筑设计理念同独特的沙漠自然环境有机地融合为一体,体现了城市创新、环保和风貌的相互交融,成为沙漠地区21世纪城市的三重奏。从中散发出阿拉伯音乐是我们健康的幻听。

听不出阿拉伯音乐沙漠建筑空间的回音是我们参观者的错,是我们内在素质的欠缺。

为了寻找设计灵感,英国著名建筑师福斯特专程去了阿联酋,他决定把展馆三个连绵交织的沙丘造型隐喻为这条链接:昨天→今天→明天。

事实上,每扇门都在回顾历史;每堵墙都在牢牢地把握现在;而每扇推开的窗又在充满信心地眺望未来。

阿联酋馆
高东方 绘

The inspiration of the pavilion design came from continuous sand hills in deserts. The architect tried to make sand hills an art and a basic geometric sculpture of the building. That is UAE pavilion with strong sense of sculpture.

◎ 乌兹别克斯坦馆
Uzbekistan Pavilion

展馆采用波浪造型镜面几何曲线语言这是受沙丘波形启发的结果吗?

大门入口处传统民族装饰图案凸显了伊斯兰艺术的独特魅力。

乌兹别克是古代丝绸之路的必经之地。这里有众多古城和古建筑的遗存。展馆建筑上方有一个象征自由的禽鸟鹳的雕塑作品。它是一个隐喻,代表城乡的欣欣向荣和安居乐业。

一首建筑诗是持久的、连续的隐喻。乌兹别克展馆建筑不仅使用了多个隐喻,而且大量使用了象征,这就需要千万参观者去解释。

其实在上海世博园整个园区都需要万众去解释。

因为哪里有建筑(馆里馆外)多重的含义,哪里就需要万众的解释。

"古老又永远年轻的塔什干"是展馆中心的一个文本,它需要我们的解释。任何一个展馆都需要千百万观众去参与、去感受和去解释。通过形象的思维即解释,我们自身也提高了视界,得到了拓展和深化。这是参观上海世博的收获。

外行看热闹,内行看门道。

乌兹别克斯坦馆 刘开海 绘

  The old but energetic Toshkent is a text at the center of the pavilion, and it needs our interpretations. Each pavilion needs the visits and interpretations of millions of people. By interpretation, we can broaden our own visions. This is the harvest of the tour to World Expo Shanghai. A layman enjoys the fun, an expert sees the essence.

◎伊朗馆
Iran Pavilion

展馆建筑的外观借用了伊朗一座36孔桥为想象力的大背景，四个立面均为桥洞式的装饰。

本民族的传统建筑（桥是建筑语言符号系统中一个重要成员）给当代建筑师多少创作灵感附身啊！

在世界建筑史上，桥不仅实用，而且有极高的审美价值。"流水断桥芳草路，淡烟疏雨落花天。"中国古代诗人眼中的桥总是富有说不尽的诗意。世界各地的桥同样是如此，因为各民族的人性是相通的。

展馆古色古香的大门和内部空间设计、装饰图案语言使参观者联想起中世纪波斯帝国丝绸之路上的商贸城。

展馆分三部分。历史部分介绍这个民族的过去辉煌；现代部分展示了当代伊朗建筑的壮丽；未来像座海岸灯塔那样照着前面的路……

每个人，每座城市，每个民族和国家，以及整个人类文明都被以下这条链接规定着，晚上走出上海世博园，仰望夜空，自然会想起它，想起人生于天地间这一根本规定，这个时空大框架：

昨天→今天→明天

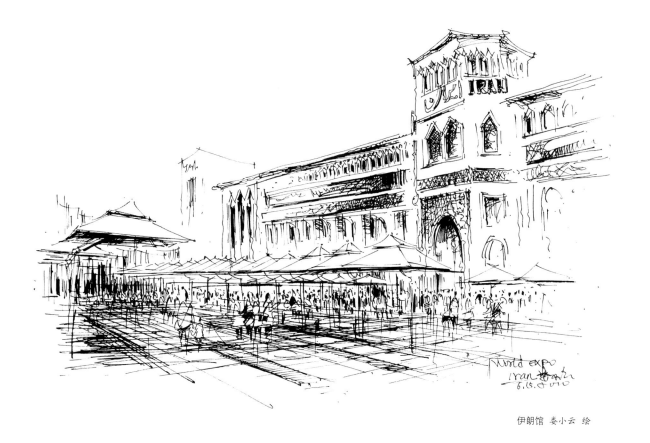

伊朗馆 娄小云 绘

The appearance of the pavilion resembles the 36-arch bridge of Iran, and the four facades are in arch shape. The traditional buildings (bridge is a key element in the system of architectural language) of the nation give architects so many inspirations of creation!

◎爱沙尼亚馆
Estonia Pavilion

展馆设计灵感受民间传统服饰彩条花纹的启发。建筑师把这种彩条花纹作为外立面的装饰。

一个民族的语言一般有四种：

1.日常生活语言（比如爱沙尼亚语、俄语、德语、汉语等）；

2.传统民居语言。比如摩洛哥土楼、非洲土屋、北美印第安人原始民居、土耳其圆顶帐篷等。

3.民族音乐（民歌）。

4.民族服饰。

在后三种语言之间会有相互的借鉴和影响。

爱沙尼亚馆建筑布局就像一件精美的布艺作品，反映了该民族的审美情趣和心理以及崇尚节俭的民族性格。

馆外馆内凸显了色彩斑斓。由此可推断，这个民族的色觉特别敏锐。

颜色是人类对不同波长光线刺激发生反应的一种感觉，它由视觉系统的分析整合功能来完成。可以说，色觉是脑内神经细胞对光的物理诸多参数的复杂抽象。缺乏颜色的建筑世界是很难想象的！那会单调得叫人发疯。

上海世博建筑是一个五颜六色的世界。将来的建筑会更加看重"玩"色彩。色彩是种生动的语言。

爱沙尼亚馆 余工 绘

Sense of color is the man's feeling when he reflects the stimulation of lights in varied wavelengths, and it s realized by the analysis and integration function of the visual system. It's observed that color sense is the complex abstraction of multiple physical parameters of light by the brain neurons. An architectural world lack of color is unimaginable, and it may be too monotonous to stand!

◎ 埃及馆
Egypt Pavilion

拿掉开罗这座城市，埃及这个文明古国还剩下多少？

开罗人把自己的城市称之为"世界之母"。从人类文明史的角度去看，这样说，也并不为过。

古埃及文明深深影响了古希腊文明（比如建筑艺术中的柱式语言）。之后，古希腊文明又成了近代西方文明的源头。再往后，西方文明的影响便波及到世界。要知道，希腊多立克等三大柱式的源头在古埃及和中东两河流域的宫殿。

埃及馆的外观大胆地以黑白为主调，富有独特的魅力，对人的视觉是种冲击。要知道，黑白摄影和电影自有它的语言表现力度，往往比彩色的刻画更为深层。因为黑白对比强烈。

如果说，黑白是种凸显的符号，那么它就意味着将现代化同久远、璀璨的传统相互调和在一起。

只有寻找到了两者的黄金契合点，才能实现"城市，让生活更美好。"

全世界的大小城市都在寻找它。所谓城市现代化的本质正是寻找该契合点的过程。

埃及馆 高东方 绘

If black and white is a highlighted symbol, it means the mixture of modern elements and the long and splendid traditions.

◎安哥拉馆
Angola Pavilion

　　展馆设计灵感来自安哥拉的国花。从空中鸟瞰，展馆是一朵盛开的、艳丽的鲜花。安哥拉因自然地理环境（气候）宜人，素有"春之国"的美称。

　　这个非洲国家因地势较高，又有大西洋寒流的影响，年最高气温不超过摄氏28度，所以草木茂盛，花朵美化着大地，影响了建筑师的设计思路和构想。

　　展馆也少不了非洲传统民居装饰纹样。其中有隐喻的意义。装饰母题图案以几何化的植物花卉为主，动物绘画则常常表现非洲人奉信的鳄鱼等热带动物。

安哥拉馆　余工　绘

Angola Pavilion is inspired by the national flower of Angola. Seen from an aerial perspective, the pavilion is a splendid blooming blossom. Angola boasts an amiable natural geographic environment (climate), known as Nation of Spring.

◎ 印度馆
India Pavilion

展馆（大门、中央穹顶和广场）的设计灵感分别来自印度的Siddi Seyd寺庙、兰普尔宫殿和桑奇佛塔。

印度是我们的邻邦，但我们中国人对古老的印度文明和当今印度的现状则了解甚少，比如她的城市史以及宗教史和建筑史。亨佐·达罗是印度最古老的城市。其建筑成就集中在城市规划、城市结构和标准化的建筑设计方面。

印度的"独柱"、寺庙屋顶几何造型和岩凿建筑（常位于峭壁上的岩穴中）是世界建筑史上很耀眼的杰作。当代印度建筑师从这里汲取创作灵感，并同现代科学技术和环保理念糅合成一个有机整体是逻辑的必然。

拿掉几千年的城市历史及其建筑，特别是宗教建筑，那么，印度文明还能剩下多少？

作为卓越的建筑符号，穹顶和寺庙的塔是永恒的。将来的城市建筑若是抛弃它，必然是严重的残缺。那是对原点的丧失。这不叫进步，是退步。

印度馆的灵魂是强调传统与现代的交汇、结合，乡村与城市的协调、和谐和互动。否则"城市，让生活更美好"只能是一张空头支票。这是世界众多城市共同面临的课题。

印度馆 甘亮 绘

India Pavilion focuses on the convergence and integration of tradition and modern elements, the coordination, harmony and interaction between urban and rural areas. Otherwise, Better City, Better Life will be merely an empty promise. This is a common topic to many cities around the world.

◎ 土库曼斯坦馆
Turkmenistan Pavilion

展馆设计灵感和创意源自这个中亚国家草原风貌、历史悠久的游牧文化和风土人情（包括舞蹈）。

别具一格的网格状外观同简洁的现代建筑语言糅合为一体，这是形。

其色以浅黄色、棕黄色为主。

形与色的搭配散发出中亚独特的旋律和音响，仿佛有骆驼商队、汗血马、珠宝和地毯出现在参观者的视界。

当然，这是健康的幻觉和幻听。

这表明这个建筑符号是成功的。只有成功的建筑符号才能产生幻视和幻听的效应，才会有建筑视觉印象微妙地转化为听觉印象。

走进世博，我同时带了两大感官：主要是视觉，再就是听觉。有时候，我还调动我的嗅觉。建筑形象会让我闻到牧场牛粪和野草香：

"牛羊散漫落日下，野草生香乳酪甜。"

这就是建筑与参观者的互动。至于手绘展馆的艺术家，他的视觉灵敏度则是常人的十倍、百倍！

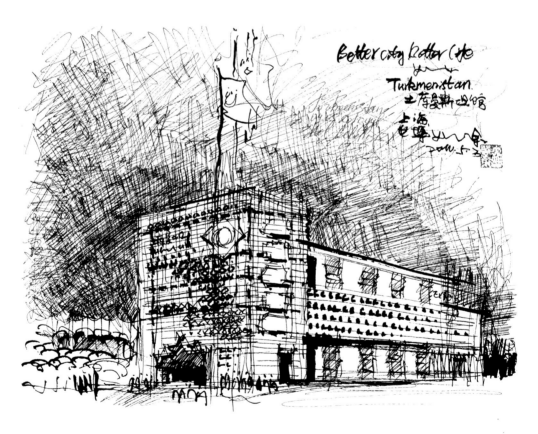

土库曼斯坦馆　余工　绘

"The flocks and herds scatter under the setting sun, the grass smell balmy and the cream sweet."

◎阿尔及利亚馆
Algeria Pavilion

展馆设计灵感来自厚重的建筑文化遗产，即北非和阿尔及利亚传统的建筑风格，一整套有特色的建筑语言符号系统。

展馆整体外观（几何造型）深受旧城卡什巴要素的影响。

人生于天地之间，我们无法挣脱两种根本性规定或一次性给定的大框架：

大自然山川动植、风云雷电（气候）和鸟兽虫鱼对我们的影响。

再就是先辈建筑遗产对我们的影响。

若是能够完全挣脱，便是自我迷失，便不是我们自己，我们找不到了自己！

未来的建筑设计师务必记住：

时时回向遗产，扎根传统，越是走向现代化，越要扎根、回向传统。这便是"树大根深"和"落叶归根"的原理。

上海世博会许多杰出的展馆都在用各自不同的方式向万众参观者证实该原理的正确性，它是放之四海（不论是亚洲，还是欧洲或非洲）而皆准的。在本质上，它不是建筑学，而是哲学。哲学的层面最深。一切问题归根到底是哲学问题。

阿尔及利亚馆 邓蒲兵 绘

The pavilion is inspired by the heritage of profound architectual cultures–the traditional architectural styles of North Africa and Algeria–a complete category of unique architectural language symbol system.

◎ 奥地利馆
Austria Pavilion

展馆建筑几何曲线的设计深受奥地利音乐的影响。

可以说，是音乐的律动和韵味决定了展馆建筑造型。

在历史上，是建筑在先，音乐在后。中世纪哥特建筑、16世纪文艺复兴建筑远远走在欧洲音乐的前头。音乐总是从建筑艺术那里汲取母乳般的养料。只是后来音乐才开始反哺建筑，设计师才从音乐艺术宝库获得了创作灵感。

这回，奥地利展馆的设计构思正是音乐反哺建筑的一个例子。远看展馆建筑像把弦乐器。大部分墙壁呈弧形和折线形，造型怪异，有明显的"游戏"成分，预示明天建筑的走向。

整个展馆建筑对人的感官知觉（通感或统觉）是一次强有力的冲击，那是阿尔卑斯山的远山呼唤。日落时分，有下山的牛群脖子上的铃声由远而近传来……

奥地利伟大物理学家兼生理、心理学家和哲学家马赫（1838-1916）有句名言："世界是我的感觉复合。"

这句至理格言同样可以用在试图通过水彩画去表现、刻画上海世博建筑群落画家的创作心理全过程。

奥地利馆 余工 绘

Mach (1838–1916), a great physicist, psychologist and philosopher of Austria has a famous saying: The world is the integration of my senses.

◎ 卢森堡馆
Luxembourg Pavilion

　　展馆中心是高15米的塔楼，象征多民族、多文化在此碰撞交融。建筑的本质原就是一个符号，它比普通语言能说出更多的内涵。

　　整个设计是一座中世纪城堡，呈咖啡色。多年前，我曾先后两次踏察过卢森堡大公国，它是由七世纪一座由花岗岩蛮石砌筑而成的城堡演化而来的，给我刚毅、强力意志和男性荷尔蒙雄风十足的印象。今日的展馆也给我这种质感。

　　这同它用到的一种叫"耐候钢的特殊钢材"有关。它的特性是：暴露在自然环境中与空气、雨水接触，钢材表面会自动形成抗腐蚀的保护层，不需要涂漆保护，材料寿命在80年以上，并可100%回收利用，符合环保要求。

　　卢森堡展馆给我雄性感觉。的确，建筑有时有性别（雄雌）之分。城堡一定是男性的，包括它的形与色。

上海世博馆之夜（卢森堡馆）　安滨　绘

　　Luxemburg gives a masculine air. Certainly, buildings sometimes can be classified into male and female. Castle must be male, including its shape and color.

◎ 西班牙馆
Spain Pavilion

设计灵感来自富有西班牙特色的藤条框。

外墙由8524个由手工编织的藤条板装饰，五颜六色。形没有色，显得无精打采；色没有了形，失去了依附或附丽。所以"形与色"永远是建筑物这枚金币的两个面，缺一不可！

藤条板的线条流畅，如地中海的波浪在一呼一吸，充满了旋律和动感，热情奔放，从中仿佛能听到西班牙的国粹弗拉门戈舞的音乐节奏，包括吉他和打击乐器，尤其是响板的挑逗。

由藤条板层层叠叠装饰的外墙是西班牙旋转舞步的优美凝固。

这便是建筑语言和音乐舞蹈节奏语言之间的转换和互动关系。这里有西班牙民族性格的披露，它外射到了建筑的形与色。该馆的独创性同英国馆一起，荣获2010年英国皇家建筑师学会建筑大奖。

西班牙馆　岑志强　绘

The external walls decorated by layers of rattan panels are the perfect condense of the elegant Spanish dances.

夕阳下的藤条篮子（西班牙馆） 冯信群 绘

◎乌克兰馆
Ukraine Pavilion

展馆设计在乌中古老传统文化相通处找到了灵感和创作契机。

外立面墙上装饰是个巨大的黑白红螺旋图案，中心黑白两色为"阴阳鱼"。

中国参观者情不自禁地惊叫：

"这不是中国的太极八卦图吗?!"

乌克兰馆长布思托夫说：

这是5000年前分布在乌克兰第聂伯河中游一带特里波耶部族文化的一个符号。当时的人会造两层楼的屋。从该文化可以见出中国文化的影子。两者有相似处。或许两者的根是相通的。

展馆中以蛇装饰的流动感很强的漩涡，隐喻时间的神秘流驶；狗象征驱赶所有邪恶的势力；太阳则象征永光照之和永恒动力的存在。

21世纪的建筑有陈述神话和童话的功能。

这又是一个生动的例子：建筑是人性的空间化。

人需要神话、童话和做白日梦来打破日常生活的单调，击碎苦闷，驱散千篇一律的无聊。

乌克兰馆　刘开海　绘

Man needs myths, fairy tales and daydreams to break the humdrum, suffering and fastidious.

◎ 波兰馆
Poland Pavilion

外形抽象而不规则，木质表皮，把波兰民间传统剪纸艺术语言元素同现代表现主义的艺术手法编织、糅合在一起，具有非对称的美。

这时尚的美通过表面无数镂空花纹散发出来，冲击万众参观者的视觉神经系统。

白天给人明暗错落的光影效果，入夜时内光外透，仿佛让参观者瞥见到了上帝的身影。中世纪哥特教堂建筑设计遵循一句格言：

"上帝就是光。"（God is Light）于是才有了教堂形与色的玫瑰窗。

进入21世纪，波兰馆还在继续"玩"光影效果。"光是上帝的天使"这条最高原理没有变。

适逢肖邦诞辰200周年，这里举行肖邦音乐会是音乐同建筑对话的最佳场所。这才是"门当户对"。

波兰馆 杨健 绘

"God is light." So, there came the rose window with the shape and color of church.

◎ 马来西亚馆
Malaysia pavilion

展馆设计灵感来自该国的传统建筑几何语言。我说过,今后不管再过多少年,一个民族传统的建筑元素永远不会丢失掉。这便是"传统与现代"的核心和灵魂。

整个展馆建筑由两个高高翘起的坡屋顶构成,线条不仅优美,且富有向上的动感。

在各民族、各个时代和各种风格的建筑语言符号系统中,屋顶都是一个具有标志性的词汇。从屋顶的造型,我们便可判断它来自哪个时代,哪个国家。比如我国徽派建筑的马头墙。俄罗斯东正教堂的洋葱头屋顶。

马来西亚馆凸显的屋顶造型由柱廊架起。其尖端交叉构架也是这个国家本土建筑所特有的符号。

是的,符号是表达意义的。交响曲是通过声音这种符号陈述人生于天地间的感受和思绪。建筑则是通过几何形体这种符号来讲故事。建筑结构符号学无疑是最迷人的一门学问。在整个建筑学中,它是最深刻的一个分支。它触及到了哲学层面。

马来西亚馆 邓蒲兵 绘

The pavilion draws inspiration from the traditional geometric language of that country. Traditional architectural elements of any nation will be always kept for infinite years, as I have put it out, which is the core and soul of the tradition and modernity .

火红的马来木船（马来西亚馆） 刘晓东 绘

◎ 澳门馆
Macau Pavilion

展馆建筑外形为兔子宫灯,设计灵感来自我国华南地区元宵节的兔子灯笼。这是民俗传统。小时候我也玩过。

作为一个隐喻,它代表的是"和谐与安居乐业"以及"和善、机灵、通达"。

小羊羔和小白兔是天下第一温顺、可爱的动物。

玉兔建筑的外层(表皮)用双层玻璃薄膜为建材,可以不停地变换颜色。

玩光成了上海世博建筑最普通的手法。

"光与建筑"是一个永恒的主题。

这里有个根本性的问题:

光在前,还是建筑在先?

我的回答是:先有光,后有建筑。这是创造主的规定。

光赋予建筑以生命。没有光照的建筑是没有生命的。建筑师在设计的时候永远要考虑光的位置。

澳门馆 甘亮 绘

Light gives life to architecture. Without lighting, the architecture will lose its life. An architect should always take into account the position of light source.

◎ 芬兰馆
Finland Pavilion

展馆建筑几何造型披露了设计师的任意性和游戏原则占支配地位。这是建筑语言极限冒出了苗头吗？我看是。

语言（芬兰语、俄语、法语、汉语……）作为一个符号系统，它是有极限的，不是无限。有许多事物是人类语言够不着的，无法谈论的。比如有关死亡的本质便在语言之外。

至于建筑语言的极限则更明显。

芬兰展馆像大海中的一座岛屿，外墙表皮用了鳞状装饰材料；当然参观者也可以把它看成是一把巨型"冰壶"，由许多冰块砌筑而成。它是符号或隐喻吗？

建筑师想用这样的几何体说出什么？

也许什么也没有说。这便是任意性。别以为毕加索的每幅画都有很深层的内涵。也许它什么也没有说。万古荒原上的电线在风中呜呜咽咽地响，也是声音的符号或隐喻吗？什么也不是！

要求每栋展馆建筑都说些什么，尤其是说出一些深意，是不是苛求？这样，建筑的荷载不是太重了吗？

今天画家把芬兰馆画下来，表明它什么也没有说，表明建筑语言极限冒出了苗头，目的便算达到了。证明某种事物不可能，也是一种目的。

芬兰馆 甘亮 绘

The Finland Pavilion is drawn today as indication of its saying-nothing and of the limit of architectural language. The aim is fulfilled, as to prove impossibility is a kind of aim.

◎ 法国馆
France Pavilion

在人类建筑文明的历史上，意大利和法国都是建筑设计大国、强国。

这回法国展馆几何语言是一座具有未来风格的建筑，外观虽然是个传统的四方盒子（这便是我提到的建筑极限冒出了苗头），但设计师却用网格包裹着这个最传统的几何体，给人时尚、前卫感。

这样的创意给千百万参观者留下了广大的想象空间。这想象是解释学的。

任何一栋展馆建筑的审美都需要千百万参观者的识读和解释的积极参与。双方是互动、依存关系。

没有千百万人的参与，展馆自己成了孤家寡人，总不能孤芳自赏吧？如果展馆孤零零地座落在万古荒原上，没有一个人朝它看一眼，这建筑便失去了存在的意义。

展馆建筑存在的价值和意义是让千百万人去识读、审美和做出评价。最后，建筑师的视界被千百万参观者的解释学视界拓展了，深化了，丰富了。

如此多的参观者接受了新建筑的洗礼，是视觉审美上的一次盛宴。万众被建筑师拔高，就像巴黎圣母院拔高了无数朝圣者的建筑审美水平。

法国馆 余工 绘

The value and significance for an exhibition building lie in that millions of people can read, appreciate and evaluate it. Finally, the vision of the architect is broadened, deepened and enriched by the hermeneutic vision of millions of visitors.

法国馆 杜宁 绘

◎ 克罗地亚馆
Croatia Pavilion

作为建筑几何语言，展馆并没有什么杰出处。设计师着重在红白色。主色调为克罗地亚的大红，在水彩画上，红、黄为暖色系列。大红很适合我们中国人的视觉习惯，有喜庆氛围。

外立面钢架上插满了无数面迎风飘扬的小旗，动感十足，象征多彩多姿、五彩缤纷的生活方式。它来源于城市健康、有序和蓬勃的发展。这才是"城市，让生活更美好"的逻辑基础。

像世博园区其他展馆一样，克罗地亚展馆根据自身的国情努力处理这个"十字"结构：

内陆和沿海，古城和新城，传统与现代。

我们中国同样遇到这个"十字"构成。沿海和内陆的平衡关系便很凸显。大力开发大西北是一个重大课题。

展馆几何体的呆板是否预示了建筑几何语言的极限存在？好几千年，总是这几个古老的几何体（正方形、长方形、圆形……）颠来倒去。我确信，建筑直观几何语言的极限确实存在，现在已经冒出了苗头。

但今天谈论极限，为时尚早。

克罗地亚馆 余工 绘

A great number of small flags flying in the air are arranged on the external steel framework, symbolizing an energetic and colorful life styles – it's originated in the healthy, orderly and prosperous development of cities. This is the logic foundation of "Better City, Better Life".

◎挪威馆
Norway Pavilion

挪威的音乐,比如挪威民族乐派奠基人格里格(1843-1907)的乐曲便是挪威大自然(山川、森林和海洋)的优美回响。

而音乐是同建筑密切相关的两种语言。两者可以相互转换,是互动的关系。音乐是流动的建筑,建筑是凝固的音乐。

挪威建筑师也从祖国的大自然汲取了创作灵感。

展馆由15棵高低错落的巨"树"支撑着。每棵树均有固定在地下的"树根"和空中的4条"树枝"。以树枝的外端为附着点所支起的篷布,形成了外观高低起伏宛如海浪般的展馆屋面。

步入展馆,设计师企图通过壮丽迷人的北极光、延绵的海岸、富有人类性灵的森林、让人豁然开朗的峡湾和群山揪心揪肺的呼唤,展示了北欧特有的自然景观。

挪威馆 邓蒲兵 绘

Inside the pavilion, the designer attempts to exhibit the unique natural landscape of North Europe by creating the effect of splendid and charming northern lights, the stretches of coast, forest full of wisdom, delightful firths and the call of mountains.

◎柬埔寨馆
Cambodia Pavilion

　　展馆建筑设计灵感附身来自耸立于热带密林中的中世纪建筑群吴哥窟。

　　高棉建筑的基本类型是塔殿（塔祠）和寺庙山（Temple-Mountain）。后来又增加了回廊形式。较大规模的建筑群都是这三种基本要素的组合。几何形体不外乎是角锥体和金字塔，还有石塔等。

　　吴哥窟的寺庙建筑本质上是巨型石雕作品，建于12-13世纪。作为敬神的一种建筑符号，它表明人对神的崇拜能创造怎样雄伟、不朽的建筑！宗教感情和信仰是创造宗教建筑辉煌最深厚、最强大的推动力。

　　展馆凸显了古代高棉人是用石材抒写建筑诗的能手。

　　古老的吴哥窟建筑是用花岗岩和火山岩这些蛮石砌筑而成的建筑组诗。

　　时至21世纪，高棉人的神有了新的内涵。他们追求大和谐：人与森林、人与土地、城市与乡村、人与人……才是最高的神。

　　神不在天上，而在地上。"城市，让生活更美好"应有神助，有神的保佑。神是我们人自己。要约束人欲的恶性膨胀。这才是最大的敬神。现代化城市并不等于人欲最为恶性膨胀的空间。不！

柬埔寨馆　邓蒲兵 绘

　　They god dwells not in heaven, but on earth. With his help can city make better life , as the real worship of him is restraining of exceeding expansion of human lust. Modern city is by no means maximal human expansion. Number!

柬埔寨馆 梁钢 绘

卡塔尔馆
Qatar Pavilion

参观者一眼望去，便觉得这座建筑富有伊斯兰独有的风韵，那是沙漠地区的奇葩。布局简洁是它的特点。再就是各种形式的拱：

尖拱、圆拱、扇形、三叶形、弓形和马蹄形拱等。这是直观几何学中最优美的曲线。神亲吻过并祝福这些曲线。

再就是雄壮、英武的城垛形式。用来支承砖拱圆顶的内角拱也对优美的伊斯兰建筑做出了应有的贡献。内角拱是一个重要词汇。只有建筑词汇加上语法才能成其为伊斯兰传统建筑语言符号系统，令我啧啧赞美！

展馆外墙以传统民族图案为装饰语言，这是卡塔尔人集体记忆的心理反映。我指的是他们怀念历史上的标志性建筑巴尔赞塔（太阳观测台）。过去采珍珠人和渔民从海上归来，远远便能望到这座高塔。

今天，由于石油和天然气的发现，卡塔尔人的生活方式发生了巨变，小渔村成了现代化的城市，但对自己的根则是念念不忘，就像岸上的贝壳怀念大海。

展馆建筑作为一种符号，一个讲故事的"人"，却在上海的蓝天底下忆往事、论眼下、思将来……

建筑有这种功能吗？成功的建筑的确有。

卡塔尔馆　岑志强　绘

And the magnificent and heroic battlements. And the brick-dome-supporting squinch which is a contribution to magic Islamic architectures. Squinch, a word integrating constructional and grammatical essences that make it a mark in traditional Islamic architectural symbol system, to which my homage is so much paid!

卡塔尔馆 梁钢 绘

◎ 突尼斯馆
Tunisia Pavilion

请注意这个国家的独特自然地理：

它是同时拥有地中海的碧波万顷和沙丘起伏不绝的一个北非神奇国度，这不能不深深影响这里的建筑基本要素。

这便是高大的拱券式的大门构件和墙上民族传统的装饰图案。

这里有古罗马建筑的遗存和当时留下的商道。因为条条道路通罗马。

成功的展馆建筑应是一个成功的、有感召力的符号。它既教人去回忆，又叫人去紧紧握有现今，再煽动人去憧憬将来。只有这样的人才是一个完整的人。

参观上海世博的人的最大收获应有两点：

中国人应具有世界眼光；

做一个同时拥有昨天、今天和明天这三个环节的完整的人，健全的人。欠缺任何一个环节，都是残缺者。

突尼斯馆　杨超　绘

A successful pavilion should be a successful and inspiring symbol. It not only teaches people to recall, but encourages people to catch the opportunity and conceive a vision of the future. Only by this, can talents achieve all-round development.

◎阿根廷馆
Argentina Pavilion

展馆建筑设计师认为建筑是一个语言符号系统，它能够胜任陈述、表现阿根廷国家两百年的历史（1810–2010年）和现状。

事实上，1810年5月25日，该国首都布宜诺斯艾利斯成立了第一届政府委员会。今天，展馆围绕纪念该国独立两百周年这个主题进行了精心布局。

展馆作为一个语言符号系统（馆外和馆内）努力凸显了该国是一个移民国家，融合了多元文化。在这个大背景下，把保护古老建筑、推进城市现代化、创新科技和提高城市居民生活质量结合在了一起。

馆内馆外少不了隐喻。在本质上隐喻是一首微型诗。

一首建筑诗则是一个大型的、持久的、连续的隐喻。

一年四季，不管春夏秋冬，刮风下雨，它都会对我们默默地述说。参观者要努力听懂它所说。

建筑师把展馆努力铸造成一首建筑诗只是他的预定目标。实际情况如何，需要千百万人去识读、评论。反过来，上百个展馆，上百首建筑诗，也营养了、提升了千百万参观者的审美意识。双方是互动的，相互激荡。缺少了任何一方，另一方也不成立。

阿根廷馆 邓蒲兵 绘

The architect considers buildings to be a language symbol system, which is capable to present and demonstrate the two centuries of history (1810–2010) and the current situation of Argentina.

◎德国馆
Germany Pavilion

展馆主题为"和谐都市"。

主体由四个不规则的几何体相连所构成,再次表明了这个基本事实:

建筑设计师是"玩"直观几何空间语言的一帮长不大的"大小孩"。在上个世纪20年代,德国的包豪斯建筑设计思潮玩的对象是规则的几何体(正方形、长方形)。这次只是换了一种玩法。

在本质上,规则的几何体只是不规则几何体的一些特例,恰如直线是曲线的特例,平面是曲面的特例。

在明天的建筑中,不规则直观几何会占上风这种思潮是余工和我的预测。

在数学史上,19世纪的德国出了两位伟大数学家:高斯和黎曼。20世纪则有伟大的希尔伯特。他所研究的抽象几何空间(比如拓扑学)对建筑设计也会产生影响。

建筑是什么?

说到底,它是有关建筑空间论的一门视觉艺术。它涉及空间与结构,比例与尺寸,节奏和韵律……

建筑是由两大块组成的:外部几何形体和内部空间。上海世博园区的所有建筑都跳不出这两大块的组合。

人是"时间+空间"大框架下的人。这是我们的根本处境,哲学处境。无法改变者才叫哲学处境。否则只能是政治、经济和社会学层面的处境。

悬浮的建筑
德国馆
冯信群 绘

All structures comprise two components: external geometrical shape and internal space. It is true to all installations in Expo Shanghai Park, because men are existences in the framework of space and time, a fundamental reality of us.

德国馆 梁钢 绘

◎泰国馆
Thailand Pavilion

展馆建筑外观（几何造型）全然来自泰式建筑风格，这是明确无误的，包括它的大门符号，以及左右两侧的雕像（保护神）。

建筑色彩以红色和金色为主色彩。

整个展馆内外的建筑语言符号系统都凸显了对泰国历史的回顾和描绘，以及传统文化在全球一体化大潮中的变化，但也有"不变应万变"的核心部分。

这一核心理应成为整个上海世博园区的一面高高飘扬的旗帜。

每个国家应保护好本民族的建筑语言元素，莫让它最后消失、死亡。今天地球上可能有5000多种语言（包括马来语以及其他方言）。理论上，我们有理由把这5000中语言保存下去。语言的多样性和地球上生物的多样性都是珍贵财富。

地球上建筑语言的多样同样是如此。

地球倘若都是一律的新国际风格建筑，那是人类视觉世界的贫穷和悲哀。

建筑语言的多样性会丰富人类的生存。人，永远以各种语言，其中包括建筑语言的丰富性，而拥有世界。世界只有进入了人类语言（包括建筑）才成其为世界。

泰国馆 邓蒲兵 绘

If the world is filled with buildings in monotonous international style, it means the poverty and misery of man's visual world.

◎黎巴嫩馆
Lebanon Pavilion

展馆建筑几何体是一个很普通的盒子,只有直线,没有曲线和曲面。这是不是建筑语言有极限的苗头?

盒子是司空见惯的形状,显得呆头木脑。

但展馆主题却是创意有加:会讲故事的城市。

千年古城的故事更加动人。讲故事的口吻便引人入胜:

"很久很久以前……"

城市各类建筑是大小故事的载体。历史上的地震、战乱和火灾是城市建筑的死敌。

的确,把每个时代的建筑串起来便是一座千年古城的故事。

馆内展品之一为阿希雷姆国王的石棺模型,上面有腓尼基文字,它是后来希伯来文、希腊文和拉丁文的祖先。古代的腓尼基人在公元前11至前8世纪控制了地中海的海上贸易,包括最初的海港城市。文字的发明大大促进了城市文明的进步。

"城市,让生活更美好",不能缺少"文字"这个关键性角色。少了它,城市便玩不转。今天我们几乎忘了它的作用。

黎巴嫩馆 邓蒲兵 绘

So "better city, better life" can not be built without the key role of writing character. No character, no running city. However, we are nearly ignorant of its effect today.

◎丹麦馆
Denmark Pavilion

整个展馆建筑由两个环形轨道构成，形成室内和室外部分。

若是从上俯瞰，整体几何形状宛如一个螺旋体，富有动感。

阳光从外立面的孔洞照进室内。每个空洞都安装了LED光源，既可以调节馆内光线，又可以在夜间照明。

展馆中，根据安徒生童话而创作的《小美人鱼》雕塑第一次走出国门，来到上海世博。

展馆建筑富有"童话王国"的色彩和氛围是件很自然的事。

未来建筑师的重要素质是善于幻想，发挥讲童话的本领。

在人的天性里，有爱听神话、听童话的DNA。建筑是一种语言符号系统，它能胜任讲神话、童话的功能。

2050年，城市有的建筑语言若是成为讲神话和童话的几何体，那是不奇怪的。这是余工和我的预测。丹麦馆做了个样板。

因为建筑是人性的空间化。

丹麦馆 邓蒲兵 绘

People are constitutionally fond of myths and fairy tales. Architecture is a language symbol system, and capable telling myths and fairy tales.

丹麦馆 张英洪 绘

◎匈牙利馆
Hungary Pavilion

展馆建筑设计思路源自两处：

A.森林的启发；

B.匈牙利数学家的重大成果冈布茨（即均质平衡器）。这是一种全新的三维凸形均匀体，它可以从任何初始位置自行恢复直立，类似于不倒翁，象征和谐与和平。

当今世界城市化的焦点正是找到多个平衡黄金点：

1. 人与自然；2. 城市与乡村；3. 传统与现代；4. 人与科技；5. 人与人；6.人与自身。

展馆内外有800根木套筒错落有致、高低不一地布局，从中透出一种韵味，给人"森耸上参天，柯条百尺长"之感。这些木套筒不但能发光，本身也是乐器，奏出美妙旋律。

匈牙利全国人口不过八九百万，但产生过不少杰出科学家和音乐家。比如19世纪作曲家李斯特和20世纪上半叶的冯·诺伊曼，他对美国第一台电子计算机和量子力学的数学基础有过重要贡献。

别忘了，这些杰出人物是城市文明的儿子，但城市则是由广大乡村的剩余粮食支撑的！指出这一点特别重要。

匈牙利馆 甘亮 绘

Those eminent persons, remember, are sons of city civilization, which is supported by the surplus food gathered from the vast countryside villages. It is a vital point that deserves our notice.

◎ 希腊馆
Greece Pavilion

展馆设计源自Polis（城邦），即Cosmopolis（国际城市），充满活力的城市（The Living City）。

在人类城市文明的历程中，希腊城邦的方方面面（建筑、民主体制）作出过重要贡献。城邦是由村庄扩大而成，它总是建在肥沃的土地和商路附近。古希腊灿烂文明是由诸城邦创造的。

展馆建筑设计师只是借用了城市的架构，企图诠释城市的生活与功能：

一个充满活力和生气的建筑空间。

Polis既借鉴几千年的城市传统文明，又展望将来的Polis。

古希腊文明一直是近现代西方文明的源头。我们从今天的希腊哲学传统中还能借鉴到什么智慧之光？包括走出当代世界级大城市的阴影和重重危机。

今天的城市有阳光，也有阴影（比如垃圾）；有功，也有过，有福祸两个面。

希腊馆 刘开海 绘

The pavilion design draws inspiration from polis, or cosmopolis-the living city.

◎ 韩国馆
Republic of Korea Pavilion

设计创意源自主题"和谐城市，多彩生活"。

这给了建筑师灵感附身，大胆展开了想象力的翅膀。

展馆以韩国文字母（都是经过艺术化了的）为外墙，结合色彩斑斓的像素画为装饰符号，极富有现代感，对参观者的视觉神经系统是一次猛烈的冲击！

色是什么？色彩是光透过三棱镜的分解。把各种颜色重组便还原为白光。而光即上帝。

色彩对人的视觉冲击本质上是上帝威力的显现。

整个展馆没有门。绝大部分为开放式的空间，体现了韩国的开放性和包容性。"海纳百川，有容乃大。"这是展馆建筑符号的隐喻。

建筑是会说话的有机体。每座展馆都在同你说。我们要善于听懂每座展馆的语言。它用不着翻译。因为在本质上建筑所说的是世界语，既是民族的，又是国际的。

韩国馆 余工 绘

Building is a telling organic. Every pavilion says to us, and we need to understand what it says but via no translation, as architecture says essentially in a universal language, which is both national and international.

五彩的像素盒子(韩国馆) 冯信群 绘

◎ 葡萄牙馆
Portugal Pavilion

展馆几何空间语言设计构思源自城市里的广场。

葡萄牙城市有个凸显特点：多广场。这一城市空间场所是居民汇集和交流的地方。

城市广场超越了古今、大小的界际，让来自不同地域的人们融合在一起。这便是"葡萄牙，一个面对世界的广场"这一建筑设计主题的缘起。

在15-16世纪，作为大西洋门户的小国葡萄牙总人口只有两百多万，但在当时大航海时代，葡萄牙人却走在世界各民族的前列，这是何等的心胸和胆识！

葡萄牙永远在面对世界：

五百多年前是面对浩瀚大西洋和印度洋的一艘勇敢的帆船，去开辟新航路。

今天的葡萄牙则是面对新能源世界的城市广场。

时代精神永远决定了城市建筑语言符号系统，包括明天的城市建筑。设计的游戏原则理应在时代精神大框架之内运作，这正是葡萄牙馆的立脚点。

葡萄牙馆 余工 绘

Time spirits decides the urban architectural language system, of today and tomorrow. The game principle in design should be within the frame of time spirit, which is the standpoint of Portugal Pavilion.

◎斯洛伐克馆
Slovakia Pavilion

展馆是一个象征,一个隐喻。

它的设计灵感来自该国国名头一个字母S的螺旋结构。建筑师在这个字母上做足了文章。按我对S这个文本的解读(我的解释学),它至少有如下四层涵义:

1. 展馆中央是以S型旋转结构为地面图案的象征性广场,寓意广场是城市最有生机的场所和城市最重要的大平台或空间。

2. S形旋转结构体现了城市发展的动态、永不停息的构成:

过去→现在→将来

广场周围弧形墙面,以及布满了对旧日往事追忆的另一堵墙,都是这种象征性的符号。

3. 建筑不忘由之出发的原点,但不是平面性质的回向原点,不是终点同开端重叠,而是螺旋式上升地、高一个层级地回向。

这种发展趋势在未来的建筑设计思潮中非常重要。

4. 从大范围看,不少宇宙星系的结构正是螺旋结构。在本质上,地球所处的太阳系呈建筑结构。

斯洛伐克馆 娄小云 绘

The pavilion is another building of symbol and metaphor.

◎ 沙特阿拉伯馆
Saudi Arabia Pavilion

　　山川动植，风云雷电，鸟兽虫鱼等自然景观永远会对建筑设计理念和创意产生决定性的影响。这也是建筑师"玩"建筑空间几何的大框架，永远也休想冲决的大框架。道理很简单：

　　人是生于天地间的存在。他的屋几何空间语言归根到底是天地间的语言。

　　展馆外形宛如一艘高悬于空中的"太阳船"：

　　风北三日无人渡，寂寞沙头一叶舟。

　　屋顶是座空中花园，栽种着有地方特色的、标志性的枣椰树。

　　展馆充分利用了从太阳能转化而来的光能。风——地球的呼吸从悬空的底部徐徐吹来，实现了清洁、环保和再生能源的利用。这才是未来建筑的要害。

　　"万变不离其宗"。清洁能源才是宗的内涵之一。

沙特阿拉伯馆　邓蒲兵　绘

The pavilion outline is like a solar ark suspended in air.

◎爱尔兰馆
Ireland Pavilion

展馆建筑几何形体由5个长方形盒子组成。它们错落有致地分布、布局开来，相互之间由倾斜的过道连接，成为一个有机整体。

这个巨大的建筑语言符号系统在本质上是一个陈述句。建筑师企图通过5个展馆分别用不同时代的爱尔兰城市为原型，陈述、表达爱尔兰经济文化发展所带来的城市空间和居民生活的演变、轨迹。

作为陈述句的一座建筑，它在说故事，说给千百万参观者听。当然，它用不着翻译，因为建筑语言如同音乐、雕塑和绘画语言，如同代数等形式语言（人工语言或理想语言），它们是国际语（世界语），不用翻译。

它说清了吗？千百万人听懂了多少？

不是参观者听不懂，是建筑师的符号系统没有把故事明白无误、清清楚楚地告诉千百万人。能清清楚楚吗？

别把建筑语言陈述故事的能力估计过高了！否则，建筑设计师会走入歧途。将来的建筑师理应懂得这一点。

这恰如化学家企图用一个简洁的反应公式去陈述《白蛇传》的故事。能找到、写出这样的化学反应式吗？

我承认，建筑符号有一定的讲故事的能力，但对它不能有过高的期望，否则会落空！

芳草地上的歌声
（爱尔兰馆）
安滨 绘

The declarative building says, to thousands of visitors, via no translation, as architectural language is universal like music, sculpture, painting, and formal language like algebra.

◎ 意大利馆
Italy Pavilion

在人类建筑文明的历程中，意大利的伟大成就是赫然在目的。后人的共识是把它写成"古希腊罗马建筑"。

时代在进步，建筑语言怎能一成不变，固步自封？"好汉不提当年勇"。意大利不能吃老本，要立新功。

展馆建筑再也没有了一千多年前的罗马多立克、爱奥尼克、科林斯和综合柱式了！

代之而起的是用新建材（而不是传统的大理石）去"玩"几何形体。建筑师的灵感来自孩子玩的游戏棒。多根棒可作任意性组合。整个展馆以20个不规则、可任意组合的模块拼装而成，隐喻意大利的20多个行政大区多元文化的和谐共处。

用的建材是透明混凝土，为的是增加室内光线。

"光是上帝"（Light is God）是个神学命题。在中世纪和后来的文艺复兴教堂建筑中，该命题有辉煌表现，今天，尽管该命题的神学显意义不见了，但它的隐意义始终在那里！

上帝永远在原处。今天，不是上帝远离了人，是人远离、抛弃了上帝。有上帝身影的展馆和城市是件好事。这身影会带来神圣崇高和肃穆氛围，让人真正成其为人。诚实的人，才有诚实的城市，生活才能更美好。

意大利馆 郑昌辉 绘

God is always where He is. He does not leave men. It is men that have aliened from and abandoned God. Thus it is good that a pavilion with His figure imposed solemnity and loftiness that makes men real Men. Only when there are honest men there will be honest city and better life.

◎ 立陶宛馆
Lithuania Pavilion

展馆主题是"盛开的城市"。

从中设计灵感也产生了：建筑造型是含苞欲放的花蕾，隐喻城市和国家的生命活力，欣欣向荣。当然这也是一个美好心愿。

这种构思很自然。我国建筑设计界也可以从中汲取教益。建筑诗的意境有高低之分。从低者才能显出于高者的"惊风雨，泣鬼神"的美学冲击。聪明、有独创能力的建筑师善于从平庸、不够精彩的作品中获取养料。从比较中才有刻骨铭心的印象。

人类的语言造就了人类的伟大。人类语言分自然语言（或日常语言）与形式语言（人工语言）。数学语言正是形式语言。

这两种语言各有自己的优缺点。建筑语言符号系统是形式语言。两种语言可以共处并存，相辅相成，共同为人类社会生活的不同需要服务。

上海世博各展馆馆外馆内说的语言正是这两种语言的协作。但要指出的是：自然语言是形式语言赖以建立起来的基础。

前者是第一层次的语言，后者（包括建筑）是第二层次的语言。世博会的建筑是第二层次语言对万众视觉的冲击。

立陶宛馆 刘超 绘

Theme of the pavilion is "blossoming cities" which develops architectural inspiration of a flower in bud symbolizing a vigorous, prosperous and booming country and its cities, which is a good hope.

◎墨西哥馆
Mexico Pavilion

该展馆建筑灵感来自孩子"游戏原理",任意性占上风。符号和隐喻在设计思路中凸显了一个"玩"字。

正是"玩"造就了饱暖之后人之所以成其为人。该展馆设计对"游戏原理"作了一段最生动的注脚。

在18世纪德国伟大诗人兼哲学美学家席勒的体系中,该原则占有核心地位。

该展馆建筑师用了两大元素来诠释生态平衡和环保理念:

风筝和绿色。

建筑外观很奇异,古里古怪:由五颜六色的风筝和绿色草地编织了"风筝丛林"。

孩子的游戏及其任意性是够明显的了!

其中绿色代表生态,风筝代表自由发展。

所谓人的自由发展(多种欲望的满足)并不是无限的。健全的人欲理应有个限度:

不损害地球生态环境(包括不残酷无情地排挤掉野生动物安居乐业的地盘)。

"城市,让生活更美好"必须有个基本限制:人活得更好,也让野生动物安居乐业。

墨西哥馆 陈伟中 绘

Better city, better life should be on basis of a sharing by both men and wild creatures.

墨西哥馆 朱瑾 绘

◎摩纳哥馆
Monaco Pavilion

该馆建筑的外墙环绕着几圈（带状）蓝色灯光水管，作为一个符号，表示该国的自然地理环境：她是地中海一颗亮丽的海珍珠。人们通过围海造田来发展经济，但以不干扰海洋生态环境为前提。展馆的建筑符号和隐喻性质是很明显的，这也是整个世博园区的共同特点。

在语言学中，符号和隐喻占有重要地位：

任何试图作为符号的东西，都是一些传达意义的存在物或实物。意义并不是一目了然的，必须附着于实物之上。对于符号，我们不必追问其本身是什么（绘画、声音、灯光、建筑……），只要关注它所表示的是什么意义。外形各各殊异，我们是无所谓的。

在明天的建筑学中，"符号形式的哲学美学"必定是热门学问。

进入世博会期间，上海这座城市的外观发生了显著变化。我只想举一个很小的例子：路边公交站台指示牌变成了黑底白字（比如730,607），非常醒目，人的视觉非常舒服，形和色都比先前的要好，且好得多，提升了城市的品味。这个例子便涉及"符号形式的哲学美学"。我为新的指示牌叫好。可见环境设计的贡献！

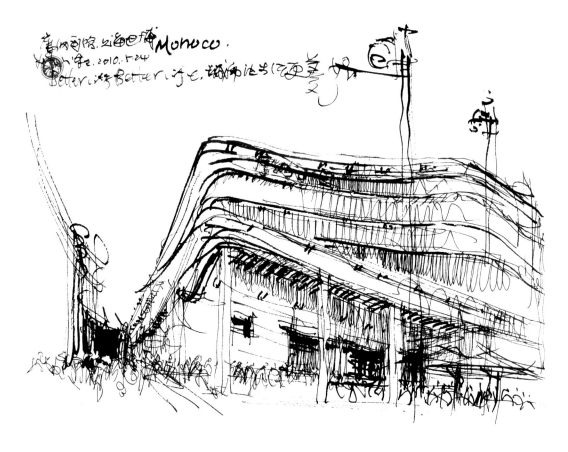

摩纳哥馆 余工 绘

Monaco is a bright pearl in Mediterranean, where people develop their economy through reclaiming from the sea without disturbance of marine ecological environment.

◎秘鲁馆
Peru Pavilion

展馆建筑设计的主题是"粮食哺育了城市"。

这个主题极好。

墙体表皮选用了泥土和竹子。在该国城市建筑的历史上,这两种材料有着广泛使用,功不可没。竹子分别染成巧克力色和印第安红,有种乡土气息迎面扑来。

展馆内容强调了秘鲁是"土豆故乡"。这点非常非常重要。这种高产粮食对最近四五百年的人类农业作出了积极贡献,它从秘鲁引进到世界许多地区(如英国和德国),帮助那里的千百万人战胜饥饿。

在今后,我们中国指望土豆能有助于我们的粮食安全。在收获土豆的时候,我们理应想起"土豆故乡":秘鲁。

但归根到底要感激上帝天和地。这叫"天无绝人之路"。粮食安全维系全世界和全世界的和谐。

的确,秘鲁展馆建筑的几何体为什么不是一个不规则状的土豆呢?这是一个多么意味深长的符号!有对天地感恩的一层涵义。这叫"敬天爱人",是和谐城市的基础。

秘鲁馆　娄小云　绘

The pavilion is in theme of Food Breeds the City .

◎ 世界气象馆
MeteoWorld Pavilion

展馆的主题定下来了：为了全人类的平安和福祉。

城市和乡村，整个人类文明，归根到底，都是地球气候的产物。全球气候的稳定或大变动，可以让地球上所有的居民去生去死。有关这个道理，还用得着去多加解释吗？

展馆主脑（主题或主旋律）已定，设计师该怎样去造栋展馆建筑呢？

在形方面：用了四个几何形体如云状的扁圆球（像鹅蛋）构成展馆外观。

这再次表明单纯、简洁的直观几何学的形态才是最普通、最基本的建筑语言。这恰如日常生活所使用的语言多为简单句子，只有主语和谓语，比如"这间屋子很小"；"我想吃饭"。

在色方面，外墙表皮采用白色膜结构，上面均匀布满了喷雾点，在阳光下开启时，会出现美丽的彩虹。中国古代诗人常惊叹彩虹的美丽和神奇：

"虹随余雨散，鸦带夕阳归。"（唐诗）

西方浪漫诗人也偏爱吟唱彩虹，同时也成了绘画主题，尤其是英国水彩画。在中世纪，欧洲人把雨后天空出现的一道彩虹看成是人同上帝订立某种契约关系的印记，非常神秘，而且是个哲理诗般的隐喻，令人赞美和敬而畏之。它是上帝的身影。注意，不是上帝本人现身，仅仅是身影。全球气候，刮风下雨，一年四季，干旱洪水，也是身影。

世界气象馆 陈国栋 绘

All human civilizations, urban or rural, are yield of earth climates. Stable climate blesses the citizens on the planet with life, and drastic changes drive them to death. Such a simple and apparent truth needs no more explanation.

◎太平洋联合馆
Pacific Pavilion

联合馆由汤加、斐济等14个太平洋国家馆和两个有关国际组织馆所构成。

其主体和灵感源泉来自浩瀚的太平洋。

但建筑外观却是四边形箱体直观几何形体。设计起来，没有耗费心血，不需要过多的灵感俯身：自然灵气，恍惚而来，不思而至。怪怪奇奇，莫可名状。估计建筑师没有这种创作心理。

这种四角形箱体绝不是尽日觅不得，有时还自来的产物。可见，联合馆建筑师没有尽心尽性尽情尽力打算去吟唱这首建筑抒情诗。他还没有到"不吐不快"的地步。

那么，为什么水彩建筑画家或手绘艺术家还要坚持把它画下来呢？

往往，人从一件失败的作品，能获得更深一层的教益。看出一件不是灵感产物的泛泛之作，也是一种收获。

不是诗的建筑，只能出自"言不由衷"者。

太平洋联合馆　刘晓东　绘

The shape of the building is quadrangle box geometry. It is easily designed without rushing brain efforts or much inspiration. The natural spark lighted in the mind under trance. The nondescript oddity was not in the mind of the designer, I think.

◎红十字会与红新月会国际联合会馆
International Red Cross & Red Crescent Pavilion

展馆主题是"生命无价,人道无界"。

建筑的入口处造型灵感设计来自自然灾害中最常见的人道救援建筑语言空间符号——帐篷。

在地震灾区中,它是一个最凸显的符号。哪里有帐篷,哪里便有抢救,便有人道精神和希望。

美洲原住民印第安人的住所正是帐篷。世界上许多游牧民族的住屋也是帐篷。它是人类建筑文明的原点之一,也是人存在本身,切勿小视。

"人"这个汉字的建筑结构也是相互支撑起的一个帐篷。人与人相互依靠,相互帮助,才成其为人。

"红十字"是由纵横两个垂直交叉的轴所构成的十字:纵坐标轴是"生命无价",横坐标轴是"人道无界"。

作为一个符号,十字是人类最最伟大的创造之一。

作为一个隐喻,按我的识读和解释,其内涵是:

我们人活着(纵轴),也让野生动物活着(横轴)。这里才是时代精神的最强音之一。人类理应有道义去挽救即将灭绝的草原狼和天鹅。"红十字"应是广义的敬畏生命。

红十字会与红新月会国际联合会馆 郑昌辉 绘

As a metaphor, it implies, as I interpret it, that we live (vertical) and let wild lives live (horizontal). That is one of the most radiant spirits of the time. Human is under the ethical obligations to secure the dying out steppe wolf and swan. Red Cross is generally a reverence to life.

◎欧洲联合馆一
Europe Joint Pavilion I

馆内设有马尔他馆等4个展馆，是欧洲4个小国。没有主题，来上海世博参展，热情可嘉。可惜没有亮出主题。

联合展馆建筑也只能采用通用的建筑形态：四角形箱体几何形体。这说明密斯·凡·德罗的建筑哲学美学的概括力和预见力量。它可以管许多年。

这才是建筑设计大师兼建筑哲学家的作用和地位：

思想家+诗人气质

对人生世界，大艺术家肯定有自己独特的感悟和理解；在他身上肯定有诗人的气质，即缘情不尽、风情耿耿和气多含蓄。

建筑诗人当追求新奇、清雅和婉丽。

这是将来（明日）建筑审美标准。欧洲联合馆一恰恰欠缺这三者。也够难为建筑设计师了！要用建材来唱出一首诗，"观乎天文以察时变，观乎人文以化成天下"，谈何容易！

建筑之诗者，蔚而腾光，气也；丽而成章，精也。

气、精合而为一，集于一身，才造就了一位卓越的建筑诗人。

欧州联合馆一　杨欢　绘

The architectural poetry are the rising and radiant vitality and the essence of extracted beauty.

◎亚洲联合馆一
Asia Joint Pavilion I

内设有东帝汶和蒙古等6个展馆。没有主题，热心来上海参展，作为世界所有国家的平等成员，国无大小之分，"城市，让生活更美好"是地球每个国家共同致力的崇高目标。

小国展馆及它们的联合馆同样可以吟唱一首建筑诗，打动千百万人，对万众的视觉构成一种巨大的冲击：

痛哭流涕长太息。

这才是建筑诗的极至。

是太息，不是叹息。

真正有才华的建筑师的作品的确有这种审美境界和功能。在人类建筑史上，这样的建筑诗还少吗？

"亭景临山水，村烟对浦沙。"

这是杜甫眼中的一座野亭，按他的审美，这座小小的建筑正是一首令他长太息的诗。

亚洲联合馆一 郑昌辉 绘

The Pavilion stands waterfront by hill, with only cooking smoke veiling the riverside sand.

◎ 亚洲联合馆二
Asia Joint Pavilion II

由6个馆组成：巴林、巴勒斯坦、约旦、阿富汗和叙利亚等。没有对主题作出说明。

建筑外观依旧是上海世博园区通常的几何形态，四角箱体造型，只是略加了些变奏。

建筑诗的境界高低完全不同造价多少成正比。

骨气奇高，有神来，气来，情来，便可唱出一首建筑诗。

这叫忽有所得，便可对万众视觉形成冲击，且惊众听。

是的，好建筑可以由视觉的震撼转化为听觉的印象。

千百万参观者走进世博园区不仅要带去审美的双眼，还要携带一对敏感的耳朵，随时准备接受从视觉转化而来的听觉。

优秀的展馆建筑一定是悦耳的和声，美妙、动听的旋律。

平庸的建筑发出的只能是一团噪音。

千古绝唱的建筑诗，必有动天地感鬼神的功能。它同建筑造价并不一定成正比例。否则，诗歌只能属于富人的专利。笑话！

亚洲联合馆二　娄小云　绘

An architectural masterpiece standing for thousand years must be with specialties surprising the heaven and earth and moving the god and ghosts. It is not identical with building of high costs. Otherwise, the architectural poetry would be the privileged game of the rich. What a joke!

世博园全景 李意淳 绘

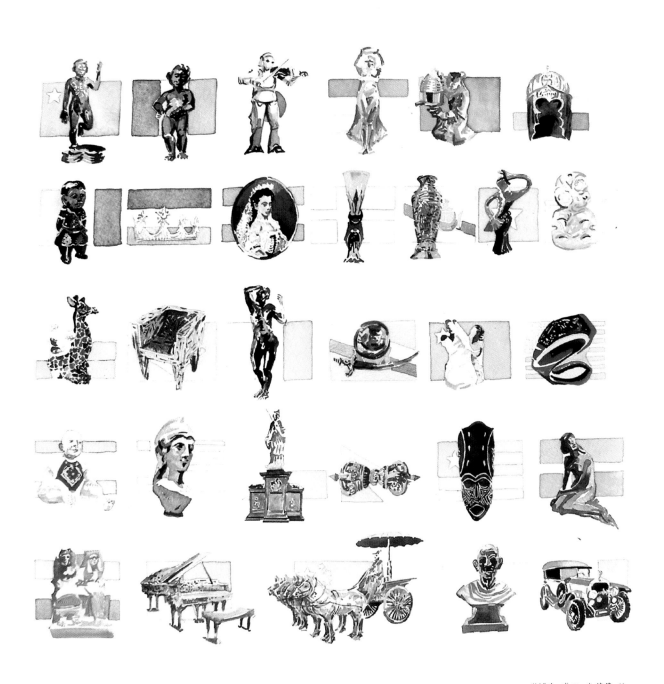

世博会 龚玉 李蓓蕾 绘

鼎盛中华 刘晓东 绘

宁波案例馆 黄幸梅 绘

世博工地脚手架　朱瑾　绘

不列颠之爱 安滨 绘

荷兰馆 池振明 绘

国家电网馆 傅凯 绘

世博园 黄幸梅 绘

汉堡案例馆　李利民　绘

上海企业联合馆 梁钢 绘

瑞典馆 朱瑾 绘